Phoenix aus der Asche

Die Deutsche Luftfahrt Sammlung Berlin

Die Dornier Do X in der Deutschen Luftfahrt Sammlung 1940

Michael Hundertmark
Holger Steinle

Phoenix aus der Asche
Die Deutsche Luftfahrt Sammlung Berlin

Silberstreif

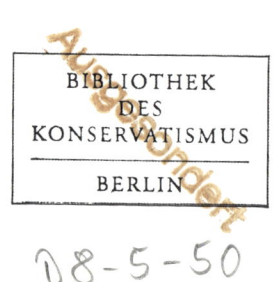
© Copyright 1985 Silberstreif Verlag GmbH,
Jenaerstraße 4, 1000 Berlin 31
Alle Rechte vorbehalten
Gestaltung: Margarete Fidel und Betina Müller, Berlin
Satz: Nagel Fototype GmbH, Berlin
Lithographie: O.R.T. Kirchner und Graser, Berlin
Druck: Passavia Druckerei GmbH, Passau
Printed in West Germany
ISBN 3/924091-02/1

Inhaltsverzeichnis

Frucht des Dialogs

Es gibt zwei Weisen, miteinander umzugehen und zu reden, die Diskussion und den Dialog. Die Diskussion verteidigt die Stand-Punkte, erschüttert die Gegen-Position, kämpft um Rechte und Grenzen, ist retrospektiv, destruktiv, ,zerschlägt' (so die Über-setzung des lateinischen Wortes). Der Dialog verläßt den eigenen Standpunkt, ist ,Gespräch' (so die Übersetzung des griechischen Wortes), sucht gemeinsames Ziel und Verein-barung.

Allzulange war die polnisch-deutsche Geschichte geprägt von der Diskussion um Standpunkt, Grenze und Eigentum. Die erschütternden Folgen erleben wir noch heute. Eine dieser Folgen war das spurlose Verschwinden der unersetzlichen Schätze des frü-heren Berliner Luftfahrtmuseums: Zur Rettung vor weiteren Luftangriffen, die wenige Monate später tatsächlich das gesamte Ausstellungsgebäude sehr stark beschädigten mit allen verbliebenen Objekten, auch der berühmten Do X, wurden 24 der wertvoll-sten Flugzeuge und zahlreiche Flugmotoren ausgelagert in das Gebiet des heutigen Polen, wo sich ihre Fährte verlor.

Seit der Gründung des Museums für Verkehr und Technik im Jahre 1983 sehen seine Mitarbeiter und Freunde ihre vornehmste Aufgabe darin, ,Museumsarchäolo-gie' zu treiben, Spuren der großen Vorläufermuseen zu sichern und die Kulturdenk-male der großen Technikgeschichte Berlins aufzuspüren. Und sie wurden fündig.

Die Autoren dieses Buches, Freunde des Museums, und der Unterzeichner stan-den vor zwei Jahren zum ersten Male sprachlos mit den polnischen Kollegen des Luft- und Raumfahrtmuseums Krakau in deren Depot: Vierzig Jahre nach dem Abtransport aus Berlin lagen dort die Vermißtgeglaubten, die Albatros und Aviatik, die Halberstadt und Heinkel, Udets Curtiss und Messerschmitts Weltrekordmaschine. Vierzig Jahre – das heißt, länger, manchmal mehrfach länger in polnischer Obhut als zuvor überhaupt existent; das heißt sieben Jahre in der Deutschen Luftfahrt Sammlung (1936–43), aber fast sechs mal so lange im polnischen Luftfahrtmuseum. Und nicht dorthin verschleppt durch Sieger, sondern zurückgelassen durch Verlierer.

Diskussion um Rechtsstandpunkte? Rechthaberei angesichts dieser Zeugen gemeinsamer Geschichte von Krieg, Zerstörung und Tod, von Grenzverschiebung und Vertreibung für Polen und für Deutsche, angesichts von Zwei- und Dreistaatentheo-rien, Raketen- und Revanchismusgetöne? Sinnlos. Nein, in jener Stunde begann ein Dialog nach langer Sprachlosigkeit. Zwischen den polnischen Kollegen und uns stan-den viele Fragen, scheinbar unlösbar. Doch aus den Fragen erwuchs gemeinsame Antwort, Ver-antwortung, eröffnete sich, fern aller Standpunkte, ein Weg zum gemeinsamen Ziel.

Das polnische Museum rettete und konservierte, was sonst längst verrottet und verrostet wäre. Und das Berliner Museum restauriert mit Hilfe der hochqualifizierten polnischen Restauratoren, was andernfalls im Depot bliebe. So haben beide Seiten etwas davon, viel davon: Jedes Museum stellt die Hälfte der Flugzeuge bei sich aus. Die Menschen in Polen und hier können wieder sehen, was so lange verborgen war und ohne diese freundschaftlich-kollegiale Zusammenarbeit verborgen geblieben wäre. Und immer wieder tauschen die beiden Museen untereinander aus, so daß beide Seiten alles haben und die Menschen wieder die ganze Sammlung betrachten und bestaunen können, als Zeugnis der wagemutigen Frühzeit des Fliegens, als Zeugnis einer deutsch-polnischen Verbundenheit, die alles Schreckliche und Dumme überdauert, als Zeugnis eines Dialogs, der in scheinbar ausweglosen Situationen den gemeinsamen Weg der Verantwortung findet.

Dank sei den polnischen Freunden!

Prof. Günther Gottmann
Direktor des Museums für Verkehr und Technik Berlin

Die Entwicklung des Pulvermühlengeländes in Berlin-Tiergarten

Das Gebiet nördlich der Spree zwischen der Kolonie Moabit und dem Schönhauser Graben, der an der Westseite des Invalidenhauses und der Charité entlang floß, war um 1840 ein noch kaum bebautes, recht unfruchtbares Heidegelände.

Nur auf dem Areal zwischen Moabit, Heidestraße und Spree erstreckten sich Anlagen, die der Herstellung und Lagerung von Pulver dienten. Dort, wo später der Lehrter Bahnhof stand, befand sich die Pulvermühle, deren Gebäudekomplex eine Länge von 300 m und eine Tiefe von 200 m hatte. Südwestlich, westlich und nordwestlich davon lagen die Pulvermagazine. 1839 wurde die Pulvermühle nach Spandau verlegt. Wenige Jahre später errichtete man an der Stelle, wo später die Kaserne des 1. Garde-Feld-Artillerie-Regiments an der Kruppstraße lag, ein Artillerielaboratorium und zwei neue Pulvermagazine, umgeben mit hohen Wällen. Die Landschaft war geprägt von den Spiesbergen, spärlich mit Strandhafer bewachsenen Dünen, die sich nördlich

Das Pulvermühlengelände und seine Umgebung im Jahre 1829; außer der Pulvermühle und den Pulvermagazinen ist keine weitere Bebauung vorhanden.

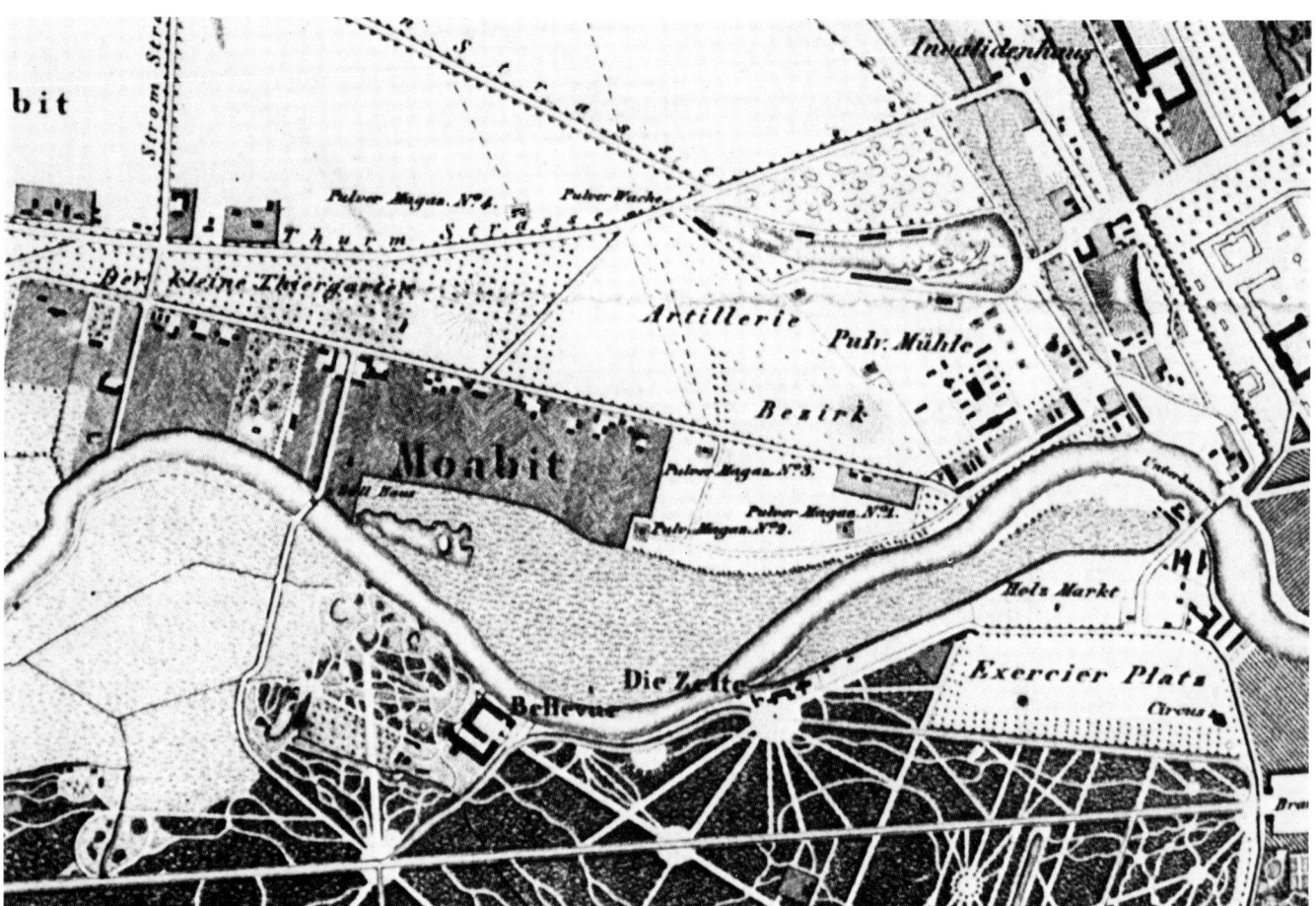

8

vom späteren Städtischen Krankenhaus Moabit in nord-südlicher Richtung hinzogen. Auf dem übrigen weiten Gelände befanden sich verstreut einige Gehöfte, unterhalb der Unterbaum- später Kronprinzenbrücke säumten Holz- und andere Lagerplätze die Spree. Außerdem gab es noch in Höhe der späteren Moltkebrücke zwei vielbesuchte Schwimmanstalten.

Im Zusammenhang mit der Verlagerung der Pulverfabrik wurden nun Überlegungen angestellt, wie dieses Gelände und seine weitere Umgebung zu gestalten seien. Aufgrund der Bedeutung dieses Bereiches für die städtebauliche Entwicklung Berlins beauftragte man 1839 Karl Friedrich Schinkel und Peter Josef Lenné mit entsprechenden Planungsüberlegungen.

Nach mehreren Vorschlägen wurde schließlich ein Bebauungsplan genehmigt, der allerdings nur teilweise zur Ausführung gelangte und im Verlauf der späteren Entwicklung wesentliche Einbußen erlitt. Dies hatte zur Folge, daß die schon immer vorhandene Trennung zwischen Berlin und Moabit nicht wie ursprünglich geplant aufgehoben, sondern noch verstärkt wurde und sich bis heute erhalten hat.

Entsprechend dem letzten, dem 4. Bebauungsplan von Lenné wurden lediglich drei Baukomplexe realisiert: 1843 der große Reit- und Exercierplatz (das heutige Poststadion bzw. der Fritz-Schloß-Park) mit dem nördlich davon gelegenen Artillerielaboratorium; im Süden schoben sich die weitläufigen Anlagen der Garde-Ulanen Kaserne (1845–1848) bis zur Invalidenstraße vor. Daneben, Richtung Osten, schloß sich das Zellengefängnis (1842–1849) an.

Das ehemalige Pulvermühlengelände und seine Bebauung im Jahre 1856; Garde-Ulanen Kaserne, Zellengefängnis, Hamburger Bahnhof und Humboldthafen prägen jetzt dieses Gebiet.

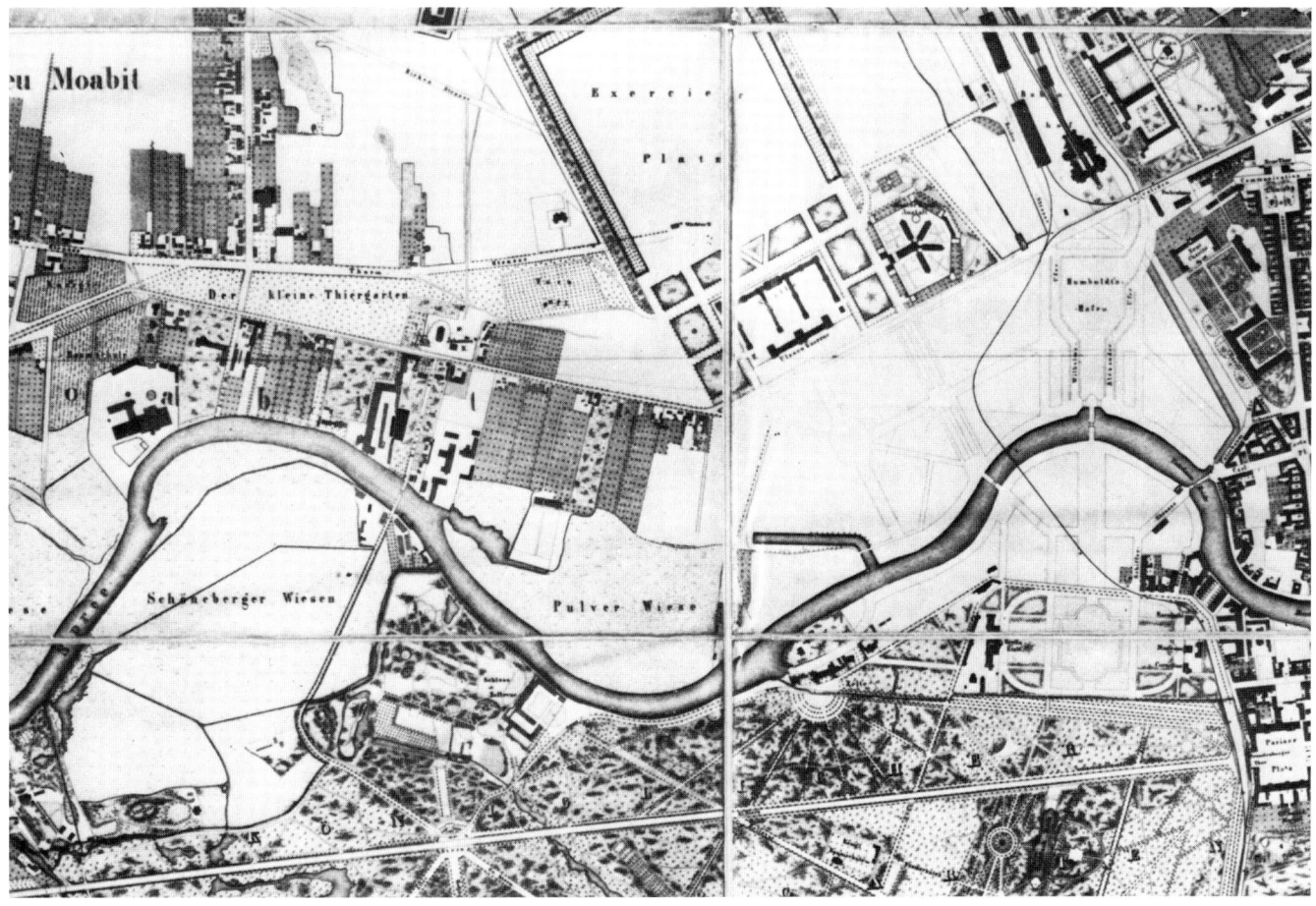

Mit der Anlage des Hamburger Bahnhofes (1845–1847) zwischen Heidestraße und Schönhauser Graben und mit dem Bau des Spandauer Schiffahrtskanals einschließlich des Humboldthafens, deren Standorte Lenné zwar noch festlegte, setzte für diesen Bereich nördlich des Spreebogens eine Entwicklung ein, bei der schließlich die Interessen der Eisenbahngesellschaften die Ausgestaltung des Stadtraumes bestimmten.

Weitere einschneidende Veränderungen ergaben sich mit dem Bebauungsplan von Hobrecht (1862). Wichtig ist in diesem Zusammenhang der Ausbau der Straße Alt-Moabit und deren Verlängerung zur Spree, wodurch an der Kreuzung mit der Invalidenstraße eine spitzwinklige dreieckige Fläche entstand, das spätere Ausstellungsgelände.

Die Anlage des Lehrter Bahnhofes (1869–1871) westlich des Humboldthafens und der Bau der Ringbahn (1871) hoben die Struktur der Lenné'schen Planung für das Pulvermühlengelände endgültig auf. 1879 wurde dann auf einem mehr oder weniger zufällig übrig gebliebenen unbebauten Reststück in diesem Gelände der Ausstellungspark geschaffen. Daß sich daraus kein Ausstellungsgelände wie das Pariser Maifeld entwickelte lag daran, daß aufgrund der Durchschneidung dieses Geländes durch das Stadtbahnviadukt die verbleibende Fläche für diesen Zweck zu klein war und Erweiterungsmöglichkeiten fehlten. 1879 wurde dort ein erster Ausstellungsbau aus Holz errichtet; 1883 entstand dann das neue Ausstellungsgebäude, dessen Geschichte hier noch ausführlich beschrieben wird.

1888 ist das ganze Gelände bebaut; Lehrter Bahnhof, Ausstellungspark und Packhof bedecken die letzten freien Flächen.

1889 wurde auf dem Gelände des Landesausstellungsparks westlich der Stadtbahnbögen an der Invalidenstraße das Uraniagebäude, bestehend aus Sternwarte,
einem wissenschaftlichen Theater und einem Ausstellungssaal für physikalische Instrumente, als naturwissenschaftliche Volksbildungsstätte errichtet.

Die weitere städtebauliche Entwicklung soll hier nicht mehr behandelt werden. Im letzten Weltkrieg wurde eine Vielzahl der Gebäude, die das Gelände nördlich der Spree
entscheidend geprägt hatten, beschädigt oder zerstört, so der Lehrter Bahnhof, das
Zellengefängnis, die Garde-Ulanen Kaserne, das Ausstellungsgebäude und der
Packhof. Vieles, was hätte wiederaufgebaut werden können, fiel dem Abriß anheim;
dies hatte neben dem Funktionsverlust dieses Gebietes, der auch durch die politische
Nachkriegsentwicklung bedingt war, den Verlust des Stadtraumes zur Folge, obwohl
sich das Straßensystem und die Abgrenzungen der Bahngelände kaum verändert
haben.

Vollständig erhalten ist heute nur das ehemalige Verwaltungsgebäude der Berlin-
Hamburger-Eisenbahngesellschaft. Beschädigt bzw. in Teilen erhalten sind der ehe-
malige Hamburger Bahnhof mit den Anbauten für das später dort untergebrachte
Verkehrs- und Baumuseum, das Hauptsteueramtsgebäude sowie der Bau der Urania.
Vom Ausstellungsgelände sind nur noch rudimentäre Reste in Form einer monumenta-
len Freitreppe und eines Parkwärterhäuschens vorhanden, vom Zellengefängnis der
Friedhof und die zugehörigen Beamtenwohnhäuser. Alle übrigen historischen Ge-
bäude sind verschwunden.

Nach Kriegszerstö-
rungen und Abriß
prägt Brachland an
vielen Stellen wieder
das Gesicht des ehe-
maligen Pulvermüh-
lengeländes: 1. Sie-
gessäule, 2. Kongreß-
halle, 3. ehem. Aus-
stellungsgebäude,
4. Reichstagsgebäude.

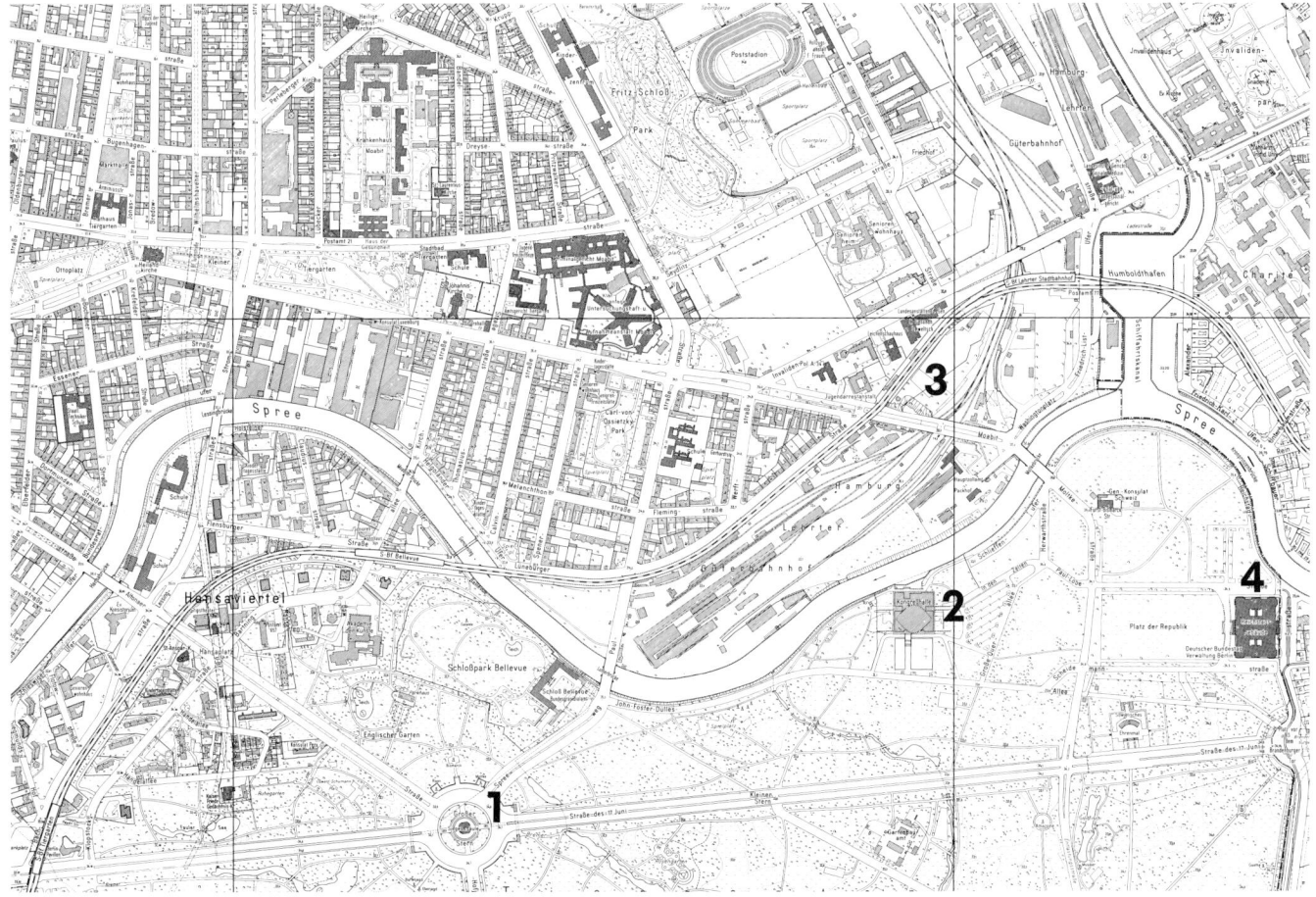

Von der Berliner Gewerbeausstellung 1879
bis zum Abriß des Ausstellungsgebäudes 1952

Das Ausstellungsgelände entstand, wie bereits erwähnt, im Jahre 1879 anläßlich der vom 1. Mai bis zum 30. September veranstalteten Berliner Gewerbeausstellung. Bis dahin hatte Berlin, im Gegensatz zu anderen Städten, weder ein ständiges Ausstellungsgelände noch ein entsprechendes Gebäude. Die immer zahlreicher werdenden Ausstellungen machten es schließlich erforderlich, hier Abhilfe zu schaffen. So wurde das dem preußischen Fiskus gehörende, ungefähr dreieckige, rund 61 000 Quadratmeter große Gelände zwischen den Bahnanlagen des Lehrter Bahnhofes im Osten, der Invalidenstraße im Norden und der Straße Alt-Moabit im Süden für diesen Zweck bestimmt. Dieser Platz war zwar verkehrsgünstig gelegen, hatte aber gleichwohl größere Mängel: Erweiterungsmöglichkeiten waren nicht gegeben, das Gelände lag teilweise bis zu vier Meter unter dem Niveau der angrenzenden Straßen, und es wurde vom Viadukt der Stadtbahn und anfänglich noch vom Damm der projektierten Ulanenstraße zerschnitten.

▼
Das Gelände der Berliner Gewerbeausstellung von 1879; im Hintergrund links erhebt sich der Lehrter Bahnhof

▶▶
Das Hauptgebäude der geplanten ‚Hygiene-Ausstellung' 1882

Das erste Gebäude, das dort errichtet wurde, stammte in großen Teilen von der 1878 in Hannover durchgeführten Gewerbeausstellung, wobei der Entwurf des Architekten Heußner die besonderen Berliner Verhältnisse berücksichtigte. Das Hauptgebäude war im wesentlichen eine Wiederholung der Grundrißanordnung von Hannover, wobei es mit seiner Hauptfassade parallel zur Flucht des Stadtbahnviaduktes gestellt wurde. Der westlich davor errichteten Gebäudeteil entsprach in Anordnung und Konstruktion fast genau dem vorderen Teil des Hannoverschen Ausstellungsgebäudes, während die östlich hinter dem Viadukt ausgeführten Bauten eine erheblich größere Ausdehnung erhalten hatten. Zahlreiche Türme und Kuppeln schmückten das im Fachwerkbau aufgeführte und an mittelalterliche Formen angelehnte Hauptgebäude. Am

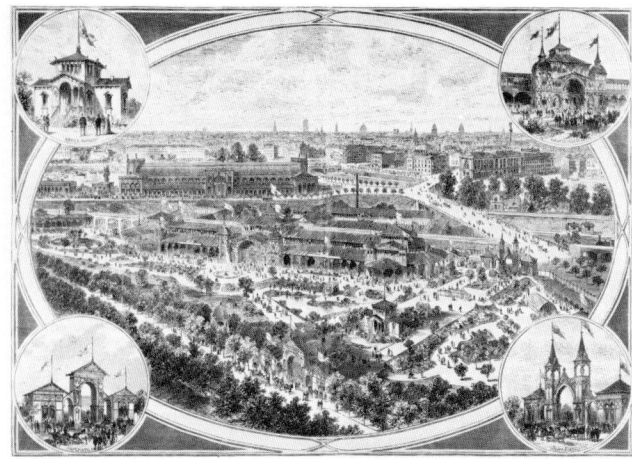

Rande des Geländes wurden zahlreiche weitere Gebäude errichtet, die häufig selbst Ausstellungsobjekte waren; die Parkanlagen entstanden nach einem Entwurf des Gartenbaudirektors Mächtig. Die Gewerbeausstellung war mit über 1,2 Millionen Besuchern sehr erfolgreich und ist vor allem dadurch bedeutsam, daß hier Werner von Siemens zum erstenmal eine elektrische Bahn vorführte. Nach dem Ende der Ausstellung wurden die baulichen Anlagen entfernt.

Das nächste große Ereignis nach der Gewerbeausstellung war die Vorbereitung der ‚Allgemeinen deutschen Ausstellung auf dem Gebiet der Hygiene und des Rettungswesens' für das Jahr 1882. Das zur Verfügung stehende Gelände war mit rund 62 000 Quadratmetern flächenmäßig fast gleich geblieben, allerdings reichte es jetzt im Westen nur noch bis zur Ulanenstraße, dafür im Osten direkt bis zum Gelände der Lehrter Bahn. Durch drei Eingänge sollte man in die Ausstellung gelangen: von der Straße Alt-Moabit über eine Treppenanlage, die in veränderter Form heute noch vorhanden ist, vom Lehrter Stadtbahnhof über die Gleise mittels einer Treppe und direkt von der Invalidenstraße. Östlich des Stadtbahnviaduktes lag das Hauptgebäude, westlich davon lagen die Einzelbauten. Die Stadtbahnbögen dienten überwiegend ebenfalls Ausstellungszwecken.

Die elektrische Bahn von Siemens auf der Gewerbeausstellung von 1879

Das Hauptgebäude mit einer Grundfläche von 95 Metern Breite und 143 Metern Tiefe wurde unter Verwendung der Konstruktionsteile der 1881 durchgeführten Gewerbeausstellung in Halle nach einem Entwurf des Architekten Kyllmann erbaut. Das Baugesuch dafür wurde am 2.11.1881 eingereicht. Das äußere Erscheinungsbild wurde durch Erhöhung der Hauptkuppel und die Anlage von Portalen und Türmen den örtlichen Gegebenheiten entsprechend modifiziert. So sollte die weithin sichtbare Kuppel die vertiefte Lage und die Beeinträchtigung durch das Stadtbahnviadukt vergessen lassen, und die Türme sollten die schlichte Architektur schmückend aufwerten.

Das brennende
Hauptgebäude der
'Hygiene-Ausstellung'
am 12.5.1882

Die einzelnen Gebäudeteile gruppierten sich um drei teilweise überdachte Höfe. Den Abschluß der mittleren Haupthalle bildete ein Panorama der Caracalla-Thermen. Eine halbkreisförmige offene Säulenhalle ermöglichte einen Einblick in die Thermenanlagen, den großen Mittelsaal und einen Blick über das alte Rom. Die Parkanlagen entstanden wiederum nach Plänen des Städtischen Gartenbaudirektors Mächtig; ein künstlich angelegter See, umgeben von Bäumen und Büschen, bildete den Mittelpunkt. An der Einmündung der Ulanen- in die Invalidenstraße lag das Hauptrestaurant; zahlreiche Einzelbauten und Pavillons waren im Park errichtet worden, so ein Taucher-

14

bassin, eine meteorologische Station, ein Volksbad, eine Gasanstalt, ein Kesselhaus, eine Eisenbahnhalle und vieles andere mehr. Nachdem fast alle Arbeiten abgeschlossen waren, brach am Abend des 12. Mai, vier Tage vor der Ausstellungseröffnung, ein Brand im Hauptgebäude aus, der trotz der zahlreichen im Gebäude vorhandenen Feuerwachtmannschaften nicht mehr unter Kontrolle gebracht werden konnte. Bereits nach einer halben Stunde stürzte die große Kuppel ein, um 20.00 Uhr war das ganze Gebäude nur noch ein rauchendes Trümmerfeld. Damit war die Durchführung der Ausstellung – auch wenn die jenseits der Stadtbahn gelegenen Gebäude unbeschädigt waren – vorerst nicht möglich.

Gleichwohl wurde bereits einen Tag nach diesem Unglück der Beschluß gefaßt, die Ausstellung in einem neuen Gebäude möglichst bald durchzuführen. Anfang August 1882 wurde ein Wettbewerb für ein neues, jetzt allerdings massiv gebautes Hauptgebäude beschlossen. Etwa 20 Hüttenwerke wurden aufgefordert, daran teilzunehmen mit der Bedingung, Entwurf und Angebot bis zum Ende dieses Monats einzureichen; die Konstruktionsteile mußten aus Eisen, Stein oder Glas bestehen. Eine andere Vorgabe des Wettbewerbes war die Forderung, das Gebäude nach der Ausstellung an anderer Stelle wieder aufzubauen, da das staatseigene Grundstück nur für die Dauer eines Jahres zur Verfügung stand. Dies wie auch die geforderte knappe Bauzeit von sieben Monaten hatten einen wesentlichen Einfluß auf die Konzeption des Gebäudes. Von den sechs eingegangenen Vorschlägen orientierten sich vier am damals häufigen System durchgehender Hallenbauten, zwei stellten selbständige, neuartige Vorschläge dar. Schließlich wurde von diesen beiden der Entwurf des Dresdener Ingenieurs C. Scharowsky für den Neubau zugrunde gelegt. Scharowsky übernahm zusammen mit seinem Partner Dr. Pröll die Ausarbeitung wie auch die Bauleitung, während die Architekten Kyllmann und Heyden für die architektonische beziehungsweise künstlerische Gestaltung bestimmt wurden.

Der Grundriß des Gebäudes bestand aus einem quadratischen Hauptraum mit einer Verlängerung in der Richtung der Hauptachse des Gebäudes und zwei größeren sowie zwei kleineren polygonalen Hallen, die seitliche Verbindungen zwischen dem Hauptraum und der Verlängerung darstellten. Mit Ausnahme der polygonalen Hallen war der Grundriß des Gebäudes in 28 gleiche Quadrate eingeteilt, davon waren 23 als Pavillonbauten vorgesehen, vier als Licht- bzw. Entwässerungshöfe für die Dächer, und auf dem mittleren Quadrat der Vorderfront des Gebäudes sollte ein Kuppelbau errichtet werden. Die ganze höhergelegene Eisenkonstruktion ruhte auf einer 3,3 m hohen, mit Fenstern und Portalen versehenen, in Ziegelrohbau mit Putzornamenten ausgeführten Umfassungsmauer und 16, in den Ecken der einzelnen Quadrate errichteten, schmiedeeisernen Gittersäulen. Zur weiteren Unterteilung im Innern wurden in entsprechenden Abständen rechtwinklig zur Umfassungswand ca. 4 m lange und 3,3 m hohe, hölzerne Querwände errichtet.

Die Höhe der Fensterwände betrug 5,7 m, außer in den polygonalen Hallen. Darüber begann die Dachkonstruktion. Diese bestand aus einer oberen 2 m hohen Kuppel mit quadratischem Grundriß von etwa 10 m Seitenlänge, die auf 2 m hohen vertikalen Fachwerkträgern ruhte; diese wurden von einem 2,5 m hohen quadratischen Zeltdach getragen, dessen unterer Zugring in den Außenwänden die Oberkante der Fensterwände, im Innern des Gebäudes die oberen Gurtungen 1 m hoher Fachwerkträger bildete. An den Enden dieser Träger waren die unteren Gurtungen bogenförmig nach unten geführt, so daß die auf den Gittersäulen gelagerten Endvertikalen gleichfalls eine Höhe von 5,7 m erhielten. Durch Einfügung der vertikalen Fensterflächen zwischen Kuppel und Zeltdach erhielt das Gebäudeinnere, zusätzlich zum Seitenlicht von der Außenwand, Oberlicht. Das ganze Dach des Gebäudes war in Wellblech ausgeführt. Die nicht überdachten quadratischen Höfe hatten den Zweck, Niederschläge von der Dachfläche auf möglichst kurzem Wege abzuleiten. Der lichte Raum eines Hofes hatte eine Grundfläche von 7 x 7 m. Zur Überdachung der Fläche zwischen den Höfen und den angrenzenden Pavillonbauten waren die Ecken der Hofmauern mit den Ecken der Pavillonbauten durch Fachwerkträger verbunden. Zur Überdachung der beiden größeren polygonalen Hallen waren auf den 3,3 m hohen Seitenmauern Fachwerkbinder angeordnet. Die beiden kleineren polygonalen Hallen – der Gaststättenbereich – waren ebenfalls Eisenkonstruktionen, aber mit reicher, dekorativer Ausstattung. Das Dach dieser Hallen bestand aus gekrümmtem Wellblech, das zu den Hofseiten auf einer 4 m hohen Fensterwand und im Innenbereich auf Säulen ruhte.

Übersichtsplan über die ‚Hygiene-Ausstellung' von 1883. Östlich des Stadtbahnviaduktes befindet sich das Hauptgebäude, westlich davon erstrecken sich Gartenanlagen mit einzelnen Ausstellungsbauten

Die große Kuppel des Gebäudes ragte in der Mitte der dem Haupteingang gegenüberliegenden Front empor. Ebenso wie die einzelnen Pavillons überdeckte die Kuppel auch eine quadratische Grundfläche von 19 x 19 m. Da zur Anlage der Dachrinnen um jedes Quadrat ein Streifen von 0,25 m Breite im Grundriß erforderlich war, betrug die Konstruktionsbreite der Kuppel 18,5 m bei einer Höhe von knapp 45 m. Die Stützpunkte der Kuppel lagen in den vier Ecken; die Eisenkonstruktion ruhte auf Granitplatten, diese wiederum lagen auf Sockeln aus Ziegelmauerwerk. Da das Eigengewicht der Kuppel allein nicht ausreichte, um dieser bei starkem Wind eine genügende Stabilität gegen Schwankungen zu geben, mußte das gesamte Bauwerk durch Anker mit den Fundamenten fest verbunden werden. Zusätzlich wurden die Anker im untersten Teil des Fundamentmauerwerks durch lange eiserne Träger miteinander verbunden.

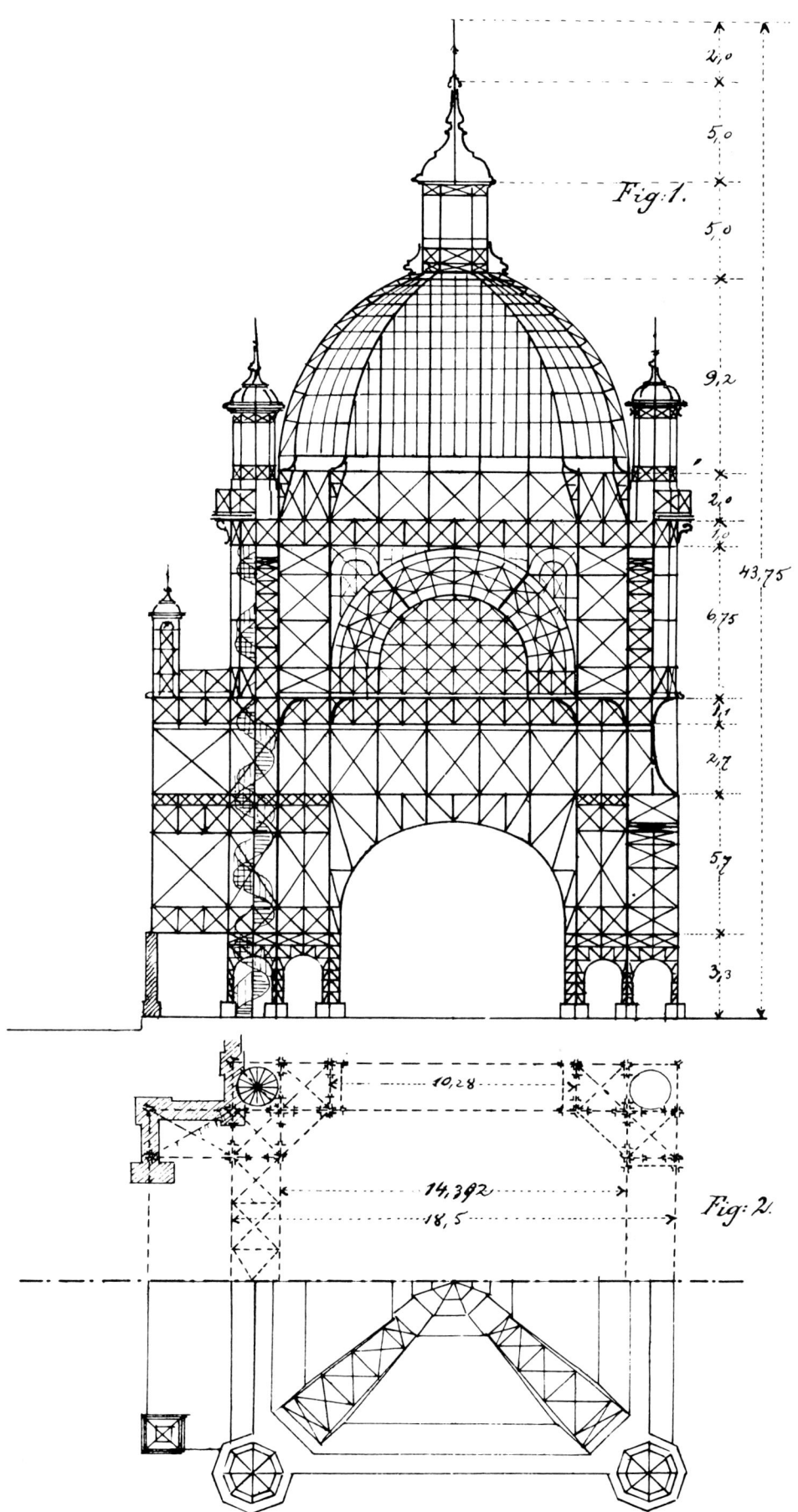

Fig. 1.

2,0
5,0
5,0
9,2
2,0
1,0
43,75
6,75
1,0
2,7
5,7
3,3

10,28
14,392
18,5

Fig. 2.

Konstruktionszeich-
nung des Kuppel-
baues

Die Stabilität der Kuppel bis zum Kuppelhelm wurde dadurch erreicht, daß die über den einzelnen Stützpunkten über den Kuppelecken aufgeführten Vertikalen durch Wandkonstruktionen zu einem festen System miteinander verbunden worden waren; in Höhe der beiden Galerien war eine Verbindung der vier Ecken der Kuppel durch kastenförmige Horizontalträger hergestellt. Die vier Ecken der Kuppel wurden von Türmen flankiert, von denen die beiden vorderen Wendeltreppen und die beiden hinteren hydraulische Aufzüge zum Besuch der oberen Galerie enthielten.

Der Haupteingang führte durch ein Steinportal, auf dem sich eine Figurengruppe, die Hygiea, erhob. Neben einem Panorama von Bad Gastein am Ende des Gebäudes war vor allem der Kuppelraum während der Ausstellung dekorativ ausgestaltet: Inmitten des Raumes stand eine Büste der Kaiserin Augusta, von der Decke hingen Velarien, die Glaskuppel zeigte den Kaiseradler.

Das Ausstellungsgelände vergrößerte man durch Hinzunahme der jenseits der Ulanenstraße liegenden Fläche um rund 12 000 Quadratmeter. Dort entstanden dann auch einige neue Gebäude, ansonsten bot die Ausstellung in etwa dasselbe Bild wie im Jahr zuvor. Am unteren Ende der Haupttreppe wurden jetzt zwei steinerne Löwen aufgestellt, die heute noch vom Ausstellungspark künden, allerdings an anderer Stelle.

Am 10. Mai 1883 wurde die ‚Allgemeine deutsche Ausstellung auf dem Gebiete der Hygiene und des Rettungwesens' für das Publikum eröffnet, die offizielle Feier mit Kronprinz Wilhelm II. fand am 12. Mai, ein Jahr nach dem großen Brande, statt. Die

Ausstellungspavillons auf der ‚Hygiene-Ausstellung' 1883. Links und rechts des Wasserfalles sind die beiden Löwenfiguren zu erkennen, die heute noch erhalten sind

Ausstellung sollte, so wurde es im offiziellen Bericht formuliert, *„die sanitären Anforde-rungen zur Geltung zu bringen und sollte gleichzeitig zeigen, was die deutsche Industrie auf dem Gebiete der Gesundheitstechnik leisten konnte."* Sie stieß auf großes Interesse bei der Bevölkerung; bis zu ihrer Schließung am 15. Oktober zählte man etwa 900 000 Besucher. Danach zögerte man mit dem Abriß des Ausstellungsbaues, obwohl er nur für diesen Zweck errichtet worden war. Zwar wurde von Anfang an seine künstlerische Gestaltung kritisiert, besonders der Gegensatz zwischen dem im prächtigen Renais-sancestil errichteten Mauersockel und der klaren Glas-Eisenkonstruktion; auch die un-zureichende Klimatisierung bot Anlaß zur Kritik. Schließlich überzeugten aber doch die gute verkehrstechnische Anbindung und die vielfältigen Nutzungsmöglichkeiten der Architektur für Ausstellungszwecke, so daß die Erhaltung beschlossen wurde; das Ge-bäude, nunmehr mit dem Namen Landesausstellungspalast versehen, und das Grundstück wurden deshalb vom preußischen Staat übernommen.

Anläßlich des 100. Jubiläums der ersten Ausstellung der Akademie der bildenden Künste gestaltete man 1885/86 für diese Jubiläumskunstausstellung das Ausstellungs-gebäude und den Park neu. Mehrere Aufgaben waren dabei zu lösen: Schaffung bes-serer Lichtverhältnisse, eine dem Wunsch nach Repräsentation entsprechende Aus-gestaltung und eine vergrößerte Ausstellungsfläche.
    Entsprechend den Plänen von Professor Fritz Wolff wurden nun die inneren qua-dratischen Felder, die bisher einen einzigen zusammenhängenden Raum bildeten,

Die erste bekannte Photographie des Ausstellungsgebäudes aus dem Jahre 1885

19

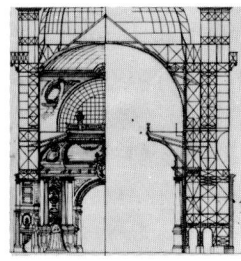

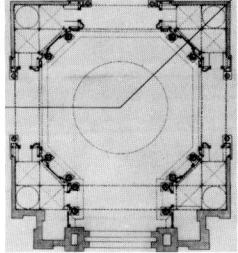

Umbau des Kuppel-
raumes für die ‚Jubi-
läumskunstausstellung'
von 1886

durch Einbau neuer Zwischenwände zu teils quadratischen, teils sechseckigen oder achteckigen Sälen umgebaut und die äußeren Felder und die beiden polygonalen Hallen zu langgestreckten Galerien. Die neu errichteten Zwischenwände waren bis zu einer Höhe von 4,50 m aus ausgemauertem Eisenfachwerk, darüber aus festgespanntem Stoff. Die Säle bekamen gleichzeitig durch Entfernung der Wellblechdächer der oberen Kuppeln und Glaseindeckung vermehrt Oberlicht.

Der einfache Ziegelneubau, von dem heute noch Reste vorhanden sind, bestand aus einer dem Hauptgebäude in der Längsachse angefügten Halle und sechs rechteckigen kleineren Oberlichtsälen. Als Maßnahme gegen die unzureichende Klimatisierung an heißen Tagen wurde auf den Dächern eine Wassersprenganlage installiert, die eine ausreichende Abkühlung durch eine entsprechende Verdunstung gewährleisten sollte.

Aufwendige Umbauten erfolgten in dem unter der Kuppel liegenden Raum sowie den daran anschließenden Räumen. Der Kuppelsaal wurde von den Architekten Kayser und von Großheim, die drei ihn umgebenden sogenannten Ehrensäle von Cremer und Wolffenstein gestaltet. Der Kuppelsaal war bis dahin ein aus Eisen errichteter quadratischer sehr hoher Raum, der durch vier hochgelegene Bogenfenster Licht erhielt und keine dekorativen Elemente aufwies. Hier sollte nun ein möglichst glänzender Rahmen für die Eröffnungsfeierlichkeiten geschaffen werden. Die beiden Architekten hatten durch in den Ecken angelegte Einbauten dem Grundriß die Form eines griechischen Kreuzes gegeben, die Arme des Kreuzes mit Tonnengewölben und die Mitte des Kreuzes mit einer Kuppel überwölbt. Diese Kuppel, die weit unter der alten Eisendecke des Raumes lag, war von einer Öffnung durchbrochen, über der sich ein zweiter bis zu jener Eisendecke reichender Kuppelraum erstreckte. Der ganze Saal war im üppigsten Neobarock ausgestaltet. Die Säulenschäfte der Wandtabernakel

Das Innere des Kup-
pelbaues nach seiner
Umgestaltung 1886

Das Gemälde von
Woldemar Friedrich
in der Oberkuppel
nach dem Umbau des
Jahres 1886

waren dunkelgelbe Marmorimitationen, ihre Kapitelle Bronzenachahmungen. Zwischen den Säulen standen zwei Gruppen von weißen Plastiken. Allegorische Figuren schmückten auch das Gebälk; jeweils zwei hielten eine Kartusche mit einem Monogramm. Eine minutiöse Beschreibung der aufwendigen Innenarchitektur findet sich im Zentralblatt der Bauverwaltung vom 5. Juni 1886: *„Auf der Unterkuppel vereinigt sich plastischer und gemalter Schmuck. Zunächst ist eine durchbrochene Architektur aufgemalt, durch deren scheinbare Durchbrechungen eine gemalte, wolkendurchzogene Luft hereinleuchtet. Am Fuße dieser Architektur zieht eine gemalte Balustrade entlang. In der Luft schweben Putten und Vögel. Über die Balustrade herab hängen modellirte Draperieen, von ihr läßt ein Pfau seinen prächtigen Schweif herabhängen, auf ihr, hinter und vor ihr stehen und kauern Putten, theils in Malerei, theils plastisch ausgeführt. Auf den Ecken aber wird die Fläche der Unterkuppel durch vier große Metallspiegel verziert, zu deren Seiten sich wieder weißgefärbte Allegorieen aufbauen. Bis zu dieser Höhe und weiter darüber hinauf, den Kuppelring und seine plastische Balustrade eingeschlossen, ist die im allgemeinen helle Gesamtwirkung durch wohlvertheilte Vergoldung und die Leuchtkraft entschiedener, gut zusammenstimmender Farben gehöht.*

Das Bild der Oberkuppel verdankt seine Entstehung dem Maler Prof. Woldemar Friedrich und ist wiederum allegorischen Inhalts. Von einer Gruppe von Künstlern umgeben, zieht die herrliche Gestalt der Germania der thronenden Berolina entgegen. Die Göttin des Ruhmes steht bereit, ihre Lorberkränze zu spenden. In der Höhe stellt sich Apollo auf dem Sonnenwagen dar. Er begrüßt eine Frauengestalt, die deutsche Kunst darstellend, welche von den Musen begleitet ist. Die goldige Sonne beleuchtet das Ganze mit ihren Strahlen, Atlanten als Statuen gedacht, theilen die Fläche. Sein Licht empfängt nicht nur das Bild, sondern durch die untere Kuppelöffnung hindurch auch der untere Raum durch die ursprünglichen eisernen Bogenfenster, welche vermöge der ganzen baulichen Anordnung dem Gesichtskreis des in der Halle weilenden entzogen sind."

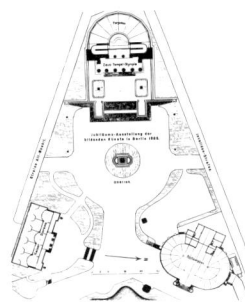

Die sich an den Kuppelraum anschließenden drei Ehrensäle wurden gleichfalls neu ausgestaltet, allerdings bei weitem nicht so aufwendig. Die Decken wurden nicht verändert, die Wände wurden teilweise bemalt, zusätzlich gelangten Standbilder in neu geschaffenen Nischen zur Aufstellung.

Auf dem Gelände westlich der Stadtbahnbögen entstanden einige Neubauten, die dem bis dahin ‚Nasses Dreieck' genannten Gelände den Namen ‚Klassisches Dreieck' gaben. Die Idee dazu stammte von den Architekten Kyllmann und Heyden. Nachdem der bereits aufgeschüttete Damm der geplanten Verlängerung der Ulanenstraße, der das Gelände bisher zerschnitten hatte, abgetragen worden war, wurden dort vier Bauwerke errichtet, und zwar ein Panorama, ein Haus für Dioramen, ein Denkmalobelisk und ein Künstlerheim.

Aus Ziegeln, Putz und Eisenfachwerk wurde ein Panorama in Form einer Tempelanlage erstellt, deren Vorbilder zum einen der Pergamonaltar, zum anderen der Zeustempel von Olympia waren. Die Terrasse, auf der sich die Tempelhalle erhob, entsprach der Terrasse des Pergamonaltares; auf der Terrassenmauer waren die Abgüsse des Götter-Giganten-Frieses angebracht. Das über diesem Unterbau errichtete Gebäude entsprach in seiner Hauptfassade der östlichen des Zeustempels; hier schlossen sich zwei freiempfundene Turmbauten an, und danach kam ein halbkreisförmiger Bau, in dessen Innerem sich ein Großpanoramabild des historischen Pergamon befand.

Vor dem Panorama stand das 29 m hohe Modell jenes Obelisken, der bereits 1878 zum 25jährigen Regierungsjubiläum Kaiser Wilhelms I. hätte errichtet werden sollen. Um diesem bis dahin nicht realisierten Vorhaben mehr Nachdruck zu verleihen, wurde dieses naturgetreue Modell aus Schmiedeeisen und Ziegeln für die Dauer der Ausstellung errichtet.

Ein Ehrensaal während der ‚Jubiläumskunstausstellung' von 1886

Die Gebäude der ‚Jubiläumskunstausstellung' von 1886; Hauptgebäude, Denkmalobelisk, Restauration, Haus der Dioramen, Panorama und Künstlerheim

   An der Straße Alt-Moabit, westlich des Stadtbahnviaduktes, erhob sich das Haus der Dioramen. Es hatte einen ägyptischen Tempel zum Vorbild und enthielt im Inneren Dioramen mit Szenen aus Afrika.

   Schließlich entstand noch neben dem Haus der Dioramen die sogenannte Künstlerhalle als Gaststätte. Sie war einer italienischen Osteria nachempfunden und im Inneren mit entsprechenden Wandmalereien ausgeschmückt.

1889 erlebte Berlin ein weiteres großes Ereignis auf dem Ausstellungsgelände: die ‚Deutsche allgemeine Ausstellung für Unfallverhütung'. Sie war eine Folge des im Jahre

Panorama und Künstlerhalle während der ‚Jubiläumskunstausstellung'

1884 erlassenen deutschen Unfallversicherungsgesetzes. Diese Ausstellung sollte ein Bild vom Stand aller Maßnahmen zur Unfallverhütung im weitesten Sinne geben. Neben sicherheitstechnisch gestalteten Maschinen wurden Rettungsgeräte, Unfallverhütungsvorschriften, Schutzvorrichtungen, kurz alles das, was heute unter dem Begriff Arbeitssicherheit verstanden wird, dem interessierten Publikum gezeigt. In diesem Zusammenhang entstanden wiederum mehrere neue Ausstellungsbauten; die bedeutendsten waren die große Maschinenhalle an der Invalidenstraße, die Eisenbahnbetriebsmittelhalle am Lehrter Güterbahnhof, die Bergwerkshalle zwischen der Stadtbahn und der Haupttreppe Alt-Moabit und das von Schwechten zum Theater umgebaute und vergrößerte Haus der Dioramen.

Gleichfalls 1889 wurde an der Invalidenstraße das Gebäude der Urania fertigge-

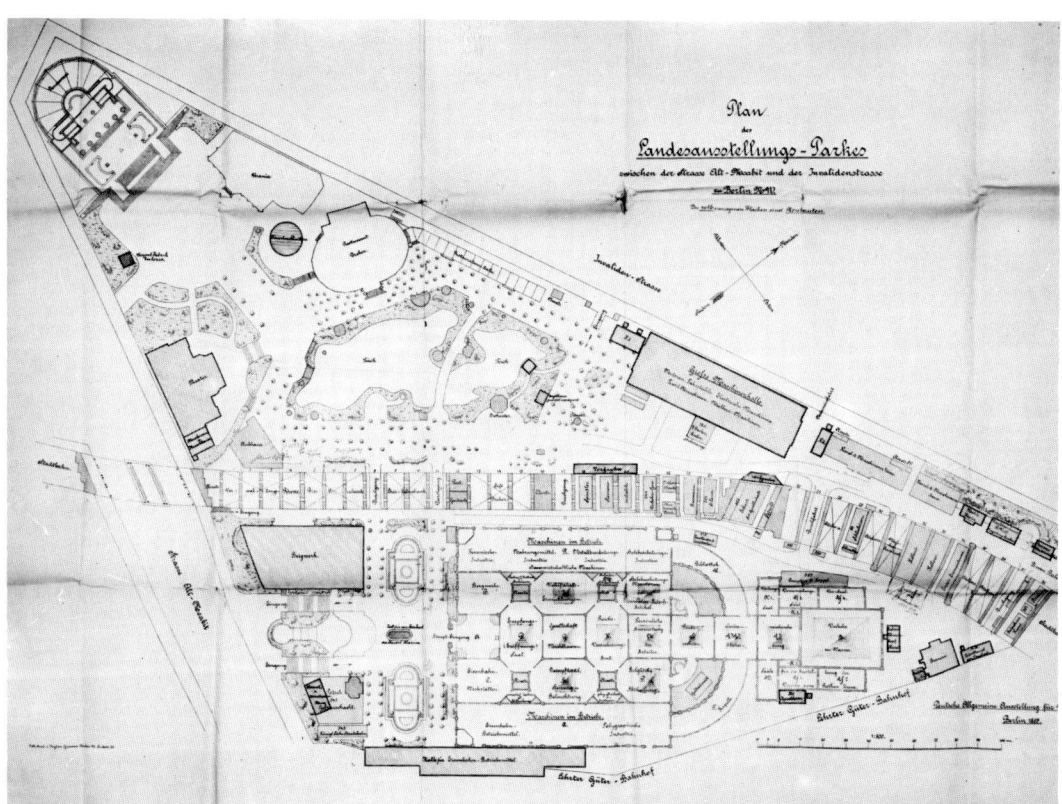

Grundriß des Ausstellungsgeländes anläßlich der ‚Deutschen allgemeinen Ausstellung für Unfallverhütung' von 1889

stellt, ein dreiteiliger Bau, bestehend aus der Sternwarte, dem wissenschaftlichen Theater und dem Ausstellungssaal. Nach Kriegszerstörungen und Teilabriß ist heute davon noch der sogenannte Theatersaal erhalten.

Seit 1892 fand alljährlich im Ausstellungspalast die ‚Große Berliner Kunstausstellung' statt; 1895/96 wurde das Gebäude anläßlich der ‚Internationalen Kunstausstellung' von 1896 wieder einmal umgebaut. Die baulichen Veränderungen betrafen vor allem die Dächer über den Räumen an der Haupt-, der Ost- und der Westfront. An die Stelle der zwölf äußeren wellblechgedeckten Zeltdächer traten zwei einheitliche Satteldächer aus Rohglas, wodurch endlich zufriedenstellende Lichtverhältnisse geschaffen

Das Ausstellungs-gebäude nach dem Umbau der Dächer, um 1900

25

wurden. Im Ausstellungspark westlich des Stadtbahnviaduktes wurde nichts neu gebaut; erhalten von den früheren Ausstellungen war allerdings nach dem 1896 erfolgten Abriß des Panoramas nur noch die Künstlerhalle. 1898 kam das heute noch vorhandene Parkwärterhäuschen am Stadtbahnviadukt hinzu.

In den nächsten Jahren wurden immer wieder Umbauten im Ausstellungspalast im Zusammenhang mit den jährlichen Kunstausstellungen vorgenommen; die Gründe dafür waren vielschichtig: Zum einen war das Gebäude für die allmählich kleiner werdenden Formate der Kunstwerke in seinen großen Dimensionen nicht sonderlich geeignet, zum anderen mußten die Ausstellungsräume dem jeweils aktuellen Kunstempfinden angepaßt werden. Schließlich erwiesen sich die technischen und baulichen Unzulänglichkeiten des ursprünglich als Provisorium geplanten Gebäudes auf Dauer als ständige Störquellen; Planungen für einen Neubau wurden zwar mehrfach durchgeführt, aber nicht realisiert.

So wurde weiterhin das Innere umgebaut; als Ergebnis eines Wettbewerbes wurde 1903 ein neuer Repräsentationssaal geschaffen, weitere Umbauten, die wiederum vieles veränderten, folgten; lediglich der Kuppelsaal von 1886 blieb in seiner ursprünglichen Form erhalten. Auch der Ausstellungspark wurde umgestaltet; es mußte Platz geschaffen werden für die erwünschten Menschenmassen. So wurde 1903/04 vieles der alten Parkanlage geopfert für den Umbau zu einem Konzertpark mit einem Großrestaurant barocker Formgebung. Diese von den Architekten Kayser und von Großheim gestaltete Anlage jenseits der Stadtbahnbögen betrachteten

Innenraum im Ausstellungsgebäude während der ‚Großen Berliner Kunstausstellung‘ von 1906

allerdings die ernsthaften Ausstellungsbesucher mit gemischten Gefühlen.

Auch nach dem Beginn des Ersten Weltkrieges wurde die ‚Große Berliner Kunstausstellung' weiter im Ausstellungsgebäude durchgeführt, letztmalig 1916. Von Mitte 1917 bis zum Kriegsende befand sich dann hier ein Betrieb, der Zünder herstellte. Danach fanden wieder Kunstausstellungen statt, 1928 letztmalig die ‚Große Berliner Kunstaus-

Berlin. Hauptportal der Berliner Kunstausstellung

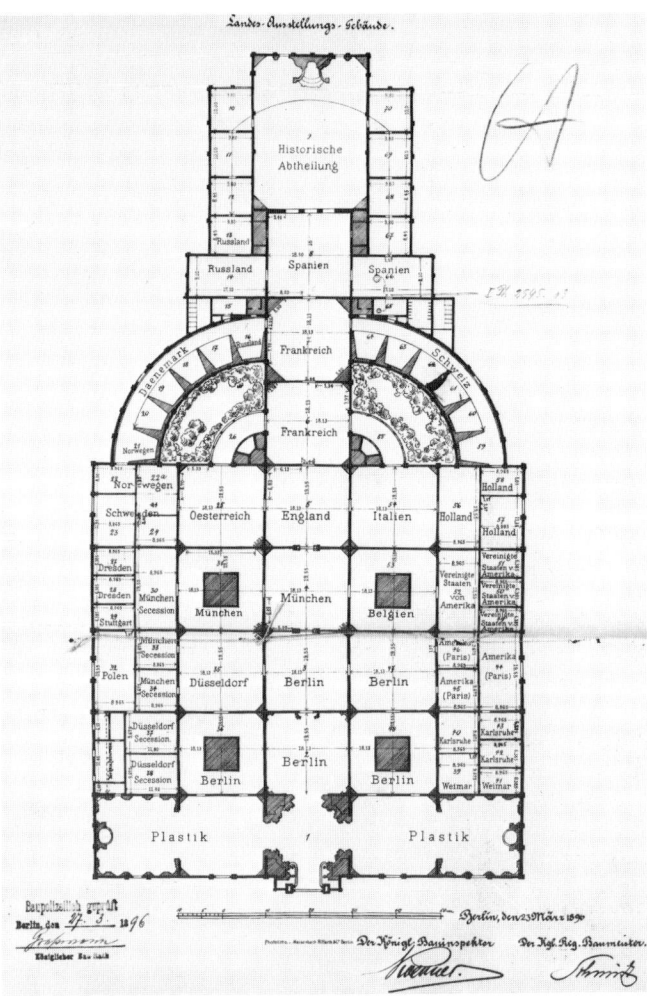

stellung'. Das Gebäude war zu diesem Zeitpunkt, was die Bausubstanz anbelangte, in einem schlechten Zustand. So wurden in einem 1930 nach einer Begehung verfaßten Protokoll unter anderem angerostete Konstruktionsteile, unzureichende Elektroinstallationen, undichte Dächer und eine mangelhafte Berücksichtigung von Brandschutzvorschriften erwähnt. Diese Mängel beeinträchtigten die Durchführung von Ausstellungen immer mehr. Mit einer Ausstellung der Wettbewerbsergebnisse für ein Reichsehrenmal endete 1932 die jahrzehntelange Tradition der Kunstausstellungen in diesem Gebäude, bevor nach der Durchführung einer ‚Braunen Frühjahrsmesse' der NSDAP das Gebäude geschlossen wurde.

Im Jahre 1934 begannen dann im Ausstellungsgebäude Umbauarbeiten für die Aufnahme des geplanten Luftfahrtmuseums. Im wesentlichen ging es dabei um die Beseitigung aller Zwischenwände, außer bei den vier Innenhöfen, und die Entfernung der

◄◄
Der Kuppelbau im Jahre 1908

▲
Grundriß des Ausstellungsgebäudes anläßlich der ‚Internationalen Kunstausstellung' von 1896

27

Das stark beschädigte
Ausstellungsgebäude
Ende 1945

Links neben der Ruine
des Lehrter Bahnhofes
ist die beschädigte
Kuppel des Ausstel-
lungsgebäudes zu er-
kennen, November
1945

dekorativen Architekturelemente, so daß ein großzügiger, nur von Konstruktionselementen geprägter Innenraum entstand. Daneben galt es, zahlreiche Schäden und Unzulänglichkeiten an diesem mittlerweile 50 Jahre alten Bauwerk zu beseitigen. Im Freigelände wurden die Gartenanlagen wiederhergerichtet und die Haupttreppe zur Straße Alt-Moabit umgebaut. Am 20. Juni 1936 wurde die ,Deutsche Luftfahrt Sammlung' im Ausstellungsgebäude eröffnet.

Sieben Jahre später, im November 1943 beim Beginn der schweren Bombenangriffe auf Berlin, wurde auch das Ausstellungsgebäude in Mitleidenschaft gezogen. Die wenigen erhaltenen Fotos lassen starke Beschädigungen erkennen. Allerdings stand die Kuppel auch bei Kriegsende noch, wenn auch ohne Verglasung. Eine Besichtigung der Ausstellungshalle ergab einen Schadensgrad von 66,1 Prozent, wobei das Gebäude für instandsetzungswürdig gehalten wurde. Doch es kam anders. Am 5. Dezember 1951 wurde die Abrißgenehmigung erteilt, und im Mai 1952 war die Stahlkonstruktion restlos beseitigt. Lediglich das Parkwärterhäuschen wurde 1951 instandgesetzt. Einige gemauerte Teile der Ruine, vor allem die Anbauten nach Norden, blieben noch längere Zeit stehen, und heute werden die letzten recht unscheinbaren Bauten als Lagerräume genutzt. Alleine die beschädigte und überwachsene Freitreppe, das Parkwärterhäuschen und die abgeräumte freie Fläche, jahrelang als Kohlelagerplatz benutzt, erinnern noch an das alte Berliner Ausstellungsgebäude.

◄◄
Das Parkwärterhäuschen im Frühjahr 1984

▼
Eine der beiden Löwenfiguren, die sich seit März 1985 auf dem Gelände des Museums für Verkehr und Technik befinden

29

Von Tolinskis ‚Aviatischem Museum'
bis zum Untergang des größten Luftfahrtmuseums der Welt

Gleichzeitig mit dem großen Aufschwung der Fliegerei zu Anfang des Jahrhunderts wurden in Berlin auch die ersten Sammlungen auf diesem Gebiet begründet, die dann später zum Teil in die Deutsche Luftfahrt Sammlung eingingen.

Mit der Eröffnung des Flugplatzes Johannisthal im September 1909 entstanden am Rande des Flugfeldes eine Reihe von Gaststätten und Cafés. Dort trafen sich vor allem die ersten Aviatiker und Mechaniker, aber auch die Besucher der zahlreichen Flugveranstaltungen kehrten hier ein. Besondere Erwähnung verdienen in diesem Zusammenhang zwei Gaststätten, das Waldrestaurant ‚Einsiedler' sowie das Restaurant des Franz Tolinski.

Über den ‚Einsiedler' berichtet der später durch seine Ozeanüberquerung bekannt gewordene Freiherr Ernst Ludwig Philipp von Hünefeld: „Dieses nette kleine Waldrestaurant hatte eine Sehenswürdigkeit, die ihresgleichen suchte, die sogenannte ‚Schrekkenskammer.' In diesem Raum war alles an photographischem Material zusammengetragen, was überhaupt von Flugzeugunfällen zu erlangen gewesen war. Und unvergeßlich ist mir … noch die vergrößerte Photographie eines Bildes, das sich ‚Täubchens-Feuertod' nannte und ein in Brand geratenes Rumpler-Flugzeug im Absturz darstellte, eine ebenso seltene wie grausige Aufnahme. Teile abgestürzter Flugzeuge, teils vom Motor, teils von dem Apparat oder Propeller herstammend, schmückten dieses Zimmer und schwachnervige Leute konnten bei dem Anblick dieses kleinen Raumes schon das Gruseln lernen und sich mit Schaudern für immer von der Fliegerei abwenden."

Fassadenaufschrift an der früheren Gaststätte Tolinskis im Jahre 1982

Doch noch bekannter als der ‚Einsiedler' war die Gaststätte des Franz Tolinski in der Friedrich- heute Winckelmann-Straße am Rande des Flugfeldes. Seit 1912 befand sich hier eine Sammlung von „Reliquien aus verhängnisvollen Aeroplan- und Ballonkatastrophen". Das ‚Aviatische Museum' Tolinskis war die damals umfangreichste Sammlung dieser Art in Deutschland. Der Volksmund bezeichnete sie allerdings als Bruchmuseum. Eine zeitgenössische Quelle aus dem Jahre 1913 berichtet darüber:

„Wenn man eintritt, bemerkt man, daß diese Destille ein Museum ist. Die Wände und die Decke des Hauptraums sind mit Trümmern von Aeroplanen bedeckt. Teile von Tragflächen, zerrissene Segelleinwand, zersplitterte Bambusstangen, verbogene Steuer hängen herum. In einer Ecke stehen zwei riesige alte Stiefel. Und an jedem Objekt klebt ein Zettel: ‚Vom Sturz dieses Aeroplans… Vom Todessturz jenes Aviatikers…' In einem Glase voll Spiritus prangt eine Hundeschnauze. Der Hund ist einmal in einen startenden Aeroplan geraten; zum ewigen Andenken steht jetzt seine Schnauze da, und es ist sehr appetitlich, sie anzusehen und eine Stulle mit Schlackwurst dazu zu essen… Der Wirt bedient. Seine Gäste plaudern freundlich mit ihm, aber eigentlich müßten sie ihn hassen. Der Mann ist ein Sammler. Wenn er hört, daß drüben auf dem Flugplatz wieder jemand tot liegen geblieben ist, vielleicht einer, dem er gestern ein Glas Milch gebracht hat, dann tut das dem Wirt sicher leid. Aber in irgendeinem Winkel seines Kopfes wartet er doch auf die schöne gruselige Reliquie, die er jetzt wieder bekommen kann. Er wird den armen Flie-

Vorder- und Rückseite der ‚Speisen- und Weinkarte' der Gaststätte Franz Tolinski

31

ger warm bedauern und glücklich sein, daß das Stück Tragfläche einen großen Blutflek-ken hat. Und die Kameraden des Fliegers werden sich am Abend an die Wand setzen, an der das Stück Leinwand prangt und werden ruhig ihre Milch trinken. Ganz gleichgültig sitzen sie da und ihnen gegenüber sagt, schreit, dröhnt ein schmieriger kleiner Zettel: ‚Vom Todessturz des Kapitäns Engelhardt ...' Todessturz blau unterstrichen; der Wirt ist stolz darauf. So müssen im alten Rom die Gladiatorenkneipen ausgesehen haben ... Es kommt die Zeit, wo ein Flieger sein Leben nicht mehr bei jedem Flug riskieren wird. Dann wird es auch solche Gladiatorenkneipen nicht mehr geben, und es wird schade sein."

Eine andere Luftfahrtsammlung, die um diese Zeit entstand, aber bereits nach wissen-schaftlichen Aspekten ausgerichtet war, war die Luftschiffahrt-Abteilung im 1872 gegründeten Reichspostmuseum, dem heutigen Postmuseum der DDR.

Die im Juni 1910 eröffnete Luftschiffahrt-Abteilung war in vier Bereiche unterglie-dert: Abbildungen und Urkunden, Gedenkmünzen sowie Bildnisse von Luftschiffern; den Mittelpunkt bildete eine Gruppe von Modellen deutscher Luftschiffe und Flug-zeuge.

Die Luftschiffmodelle, zu denen zum Beispiel der Zeppelin Z III gehörte, waren alle im einheitlichen Maßstab von 1:20 gefertigt. So war das Modell des Z III sieben Meter lang. „Dem Bau dieser Modelle durch die Firma Ferdinand Ernecke in Berlin-Tempelhof gingen eingehende Besichtigungen der Originalfahrzeuge voraus, um eine möglichst getreue Wiedergabe der großen Vorbilder zu erzielen. Auch wurden bei der Herstellung der Nachbildungen, soweit irgend angängig, die gleichen Materialien verwandt wie wir sie bei den wirklichen Lenkballons finden."

Im Original wurde ein Teil des Aluminiumgerüstes des bei Echterdingen verun-glückten Z II gezeigt. Daneben gab es sieben Flugzeugmodelle, von denen sechs im Maßstab 1:12,5 gebaut waren. Es waren Nachbildungen folgender Typen: Wright-Doppeldecker, Antoinette-Eindecker, Blériot-Eindecker, Grade-Eindecker, Albatros-Doppeldecker sowie Rumpler-Etrich-Taube. Das Lilienthal-Gleitflugzeug, ein Doppel-decker, hatte den Maßstab 1:7. „Sämtliche Modelle waren in Vitrinen (im Lichthof des Reichspostmuseums, Anm. d. A.) untergebracht, daß sie 2 m hoch über dem Erdboden schwebten und sich also allenthalben nicht nur bequem besichtigen ließen, sondern auch bei dem Beschauer den Eindruck hinterließen, daß er einem tatsächlich in der Luft befind-lichen Fahrzeug gegenübersteht."

Die Luftschiffahrt-Abteilung im Lichthof des Reichspostmu-seums; links das Modell des unstarren Luftschiffes P III; rechts das Modell des halb-starren Luftschiffes M II

Die Abteilung ‚Abbildungen und Urkunden' dokumentierte den uralten Menschheitstraum vom Fliegen, so zum Beispiel durch die Photographie eines babylonischen Siegelzylinders, auf dem ein fliegender Mensch dargestellt war. Die Exponate dieses Bereiches reichten bis in die Gegenwart. Auf Lithographien, Photographien und Farbdrucken waren die spektakulärsten Ereignisse der Luftfahrt festgehalten, unter anderem Blériots Kanalflug und Farmans Kilometersprung.

Mit Hilfe der ausgestellten Gedenkmünzen konnte der Besucher die Luftfahrtereignisse vom ersten Aufstieg der Montgolfière im Jahre 1783 bis hin zur Fahrt des Luftschiffes Parseval VI im September 1910 nachvollziehen. Neben dieser Abteilung rundeten Bildnisse von Luftschiffern des 17. und 18. Jahrhunderts die Sammlung ab. Es war das erstemal, daß es in einem offiziellen Berliner Museum eine ständige Ausstellung zum Thema Luftfahrt gab.

Bereits vor dem Ersten Weltkrieg begann man, ausrangierte Flugzeuge in Schuppen auf dem Flugplatz Johannisthal zu lagern. Während des Krieges, als der Flughafen der Öffentlichkeit nicht zugänglich war, kamen Beutemaschinen hinzu. Als militärisches Gelände war der Flugplatz scharf bewacht. Durch Anschlag wurde darauf aufmerksam gemacht, *„daß es besser sei, ein Verdächtiger aber Unschuldiger bringe 24 Stunden auf der Wache zu, als daß es einem Spion gelänge, die Werkstätten anzuzünden."*

Daß es jedoch auch Ausnahmen gab, dokumentiert das Mitteilungsblatt des Vereins für die Geschichte Berlins, das in seiner Märzausgabe für den 3. März 1917 eine von der Inspektion der Fliegertruppen genehmigte Führung auf dem Flugplatz Johannisthal ankündigte. In der Maiausgabe des Mitteilungsblattes wird über diese Besichtigung berichtet: *„Der nächste Besuch galt der Zeppelinhalle. Sie steht gedrängt voll von Flugzeugen aller Art, wie die Rumpler-Tauben und Fokker, ... flugbereit die neuesten Doppeldecker, meist Albatros, von denen die älteren Systeme in bezug auf Sicherheit, Schnelligkeit und Leistungsfähigkeit weit überholt sind ... Die Besichtigung führte dann weiter zu einem großen Schuppen, das Museum genannt, wo eine Reihe feindlicher Flugzeuge untergebracht ist, Doppeldecker, armierte, Kampfflieger, meist englische und französische, nur wenig russische. Besonders interessant war ein englischer Riesen-Doppeldecker für 10–12 Personen, wohl die Breite der Leipziger Straße übertreffend ...* (Hierbei handelte es sich um den Bomber Handley Page 0/100, Kennung 1463, der am 1.1.1917 bei Chalandry in der Nähe von Laon (Belgien) in Folge Nebels landete. Anm. d. A.) *... Neben den feindlichen Flugmaschinen enthält das Museum noch zahllose Trümmer und Bestandteile von solchen."*

Das erste Museum in Berlin, das sich ausschließlich der Luftfahrt widmete, war die ‚Luftfahrtsammlung der Stadt Berlin' auf dem Flughafen Tempelhof. Aufgrund seiner zentralen Lage wurde 1923 das Tempelhofer Feld, das bis dahin der Militärverwaltung unterstand, von der Stadt Berlin erworben und auf Betreiben des Stadtbaurates Dr.Ing. Leonhard Adler ein Flugplatz angelegt, der später zum Zentralflughafen ausgebaut wurde. Mit der Erteilung einer vorläufigen Konzession für die Inbetriebnahme des Flughafens Tempelhof begann der Flugbetrieb im Oktober 1923.

Um die Attraktivität des neu entstandenen Flugplatzes zu erhöhen, beschloß der Magistrat der Stadt, auf dem Flughafen ein Luftfahrtmuseum einzurichten. Deshalb war in den Ausschreibungsbedingungen des Jahres 1925 für die Errichtung eines Flughafen-Verwaltungsgebäudes, welches die ersten provisorischen Holzbauten ersetzen sollte, auch die Schaffung eines Reichsluftfahrt-Museums vorgesehen. Diese Konzeption konnte aufgrund der Folgen der Weltwirtschaftskrise nicht realisiert werden. So entstand in einem Behelfsbau der neugegründeten Flughafengesellschaft die ‚Luftfahrtsammlung der Stadt Berlin‘. Die Betreuung dieser kleinen Sammlung oblag Hauptmann a. D. Georg Krupp.

Zur Ausstellung in Tempelhof kamen einige Stücke, die hauptsächlich von der Deutschen Versuchsanstalt für Luftfahrt (DVL) zusammengetragen worden waren. Die DVL, im April 1912 gegründet, befand sich auf der Adlershofer Seite des Flugplatzes Johannisthal. Neben ihrer eigentlichen Aufgabe, die u. a. die Prüfung von Flugzeugen, Motoren und deren Ausrüstungen umfaßte, sammelte die DVL, die während des Ersten Weltkrieges unter der Bezeichnung ‚Prüfanstalt und Werft der Fliegertruppe‘ sowie ab 1917 unter dem Namen ‚Flugzeugmeisterei‘ ihre Aufgaben wahrnahm, Flugzeuge und andere Gegenstände zum Thema Luftfahrt. Diese Bestände bildeten den Grundstock aller Sammlungen, die in Berlin zum Thema Luftfahrt entstanden.

Obwohl der Name des Tempelhofer Museums ‚Luftfahrtsammlung der Stadt Berlin‘ sehr viel versprach, muß diese kleine Sammlung eher als ein Provisorium angesehen werden. Deshalb wurden die Pläne aus dem Jahre 1925 weiterverfolgt, mit dem Ziel, ein der Reichshauptstadt angemessenes Luftfahrtmuseum zu errichten. Bis zu Beginn der dreißiger Jahre erwiesen sich diese Pläne jedoch als nicht realisierbar. Ursache hierfür war vor allem die finanzielle Situation, die es nicht erlaubte, die zur Schaffung eines Reichsluftfahrtmuseums erforderlichen Mittel bereitzustellen. Ferner mangelte es an geeigneten Räumlichkeiten. Hinzu kam, daß Teile der geplanten Sammlung in verschiedenen deutschen Städten wie Düsseldorf oder München ausgestellt wurden, wodurch das Museumsmaterial zeitweise verstreut war und nur schwer zusammengestellt werden konnte.

Besprechungen, die im November 1928 zwischen dem Reichsverkehrsminister und Berlins Oberbürgermeister stattfanden, sollten nun endlich Klarheit schaffen. Ergebnis dieser Verhandlungen war, daß die zuständigen Ministerien sowie die Hochschulen den Aufbau eines repräsentativen Luftfahrtmuseums in Berlin unterstützen würden.

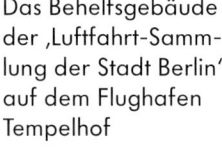

Das Behelfsgebäude der ‚Luftfahrt-Sammlung der Stadt Berlin‘ auf dem Flughafen Tempelhof

Das Bekanntwerden eines Planes der württembergischen Regierung veranlaßte jedoch die zuständigen Berliner Stellen zum Umdenken. Im Frühjahr 1929 wurde nämlich publik, daß die württembergische Regierung beabsichtigte, im Wilhelmspalast in Stuttgart ein Reichsluftfahrtmuseum einzurichten.

Gegründet wurde dieses Museum dann am 8. Juli 1929, dem 91. Geburtstag des Grafen Zeppelin. An diesem Tag übergab Hugo Eckener die Bestände des Zeppelinmuseums Friedrichshafen, als Grundstock für das neue Museum, der Stadt Stuttgart. Mit den Aufbauarbeiten wurde am 1. Juli 1930 begonnen, die Eröffnung des ‚Deutschen Luftfahrtmuseums' fand am 13. Juli 1931 statt, allerdings ohne die Bestände des Zeppelinmuseums. Untergebracht war das Museum in einer Halle in Böblingen und nicht wie geplant im Stuttgarter Wilhelmspalast. Die DVL überließ ihr in Adlershof lagerndes historisches Flugzeugmaterial dem Luftfahrtmuseum in Böblingen.

Dies führte dazu, daß man sich entschloß, vorerst auf die Errichtung eines großen Museums in Berlin zu verzichten und nur eine kleine Luftfahrtsammlung einzurichten. Zunächst wurde ab 1929 das wichtigste Luftfahrtmaterial zusammengetragen. Da in Tempelhof nicht genügend Raum zur Verfügung stand, griff man auf zwei alte Hallen am Flugplatz Johannisthal zurück, um die Exponate lagern zu können.

Hauptinitiator war hier – wie bereits schon in Tempelhof – Hauptman a. D. Georg Krupp. Krupp war während des Ersten Weltkrieges Kommandeur der Riesenflugzeugabteilung (RFA) 501; auf einem Grade-Eindecker hatte er 1913 Fliegen gelernt. Nach dem Krieg war Krupp Generalsekretär der ‚Wissenschaftlichen Gesellschaft für Luftfahrt e. V.'. Zum Zeitpunkt des Museumsaufbaus war er arbeitslos. Persönlich hatte sich Krupp schon seit Jahren aktiv für die Schaffung eines Berliner Luftfahrtmuseums eingesetzt, indem er u. a. luftfahrthistorische Dokumente, die über den Rahmen der kleinen Tempelhofer Sammlung hinausgingen, zusammengetragen hatte.

◄◄ Die Halle des Berliner Luftfahrtmuseums in Adlershof

▼ Flugzeugteile vor ihrer Aufarbeitung für die Luftfahrtsammlung

Die ersten zwei Jahre der Aufbauphase, also von 1929–1931, wurden dazu verwendet, das Material zu sichten und zu ordnen. Dies war eine äußerst mühselige und langwierige Arbeit, da, wie bereits erwähnt, viele vollständige Maschinen für das Deutsche Luftfahrtmuseum in Böblingen vorgesehen waren. Deshalb mußte man in Berlin zu-

meist auf beschädigte oder nicht komplette Flugzeuge zurückgreifen – eine Folge des Versailler Vertrages. Hierzu schreibt die Magdeburger Zeitung: *„Die überaus wertvollen Teile alter Konstruktionen waren im Laufe der Jahre verrostet, vermodert und von allerlei Bohrwürmern zerfressen worden und mußten mit vieler Mühe ergänzt und rekonstruiert werden, bis dann ganz allmählich aus diesem Trümmerhaufen von Metall, Holz, Glas, Bildern, Motorteilen und anderen Utensilien ein wohlgeordnetes Ganzes geworden war ..."*

Gemeinsam mit 15 Arbeitslosen begann Krupp im November 1931 mit dem eigentlichen Aufbau des Berliner Luftfahrtmuseums. Eingerichtet wurde das Museum in einer ehemaligen Fabrikhalle auf dem Flugplatz Johannisthal, nahe der DVL in Adlershof. Finanzielle Mittel standen nur in unzureichendem Maße zur Verfügung. So blieb es auch hier der Initiative Krupps überlassen, das benötigte Material zu organisieren; manches spendeten Industriebetriebe; so stellte zum Beispiel die ‚Nationale Automobil Gesellschaft' Maschinen und Werkzeuge zur Verfügung.

Der Aufbau des Museums erlitt nochmals einen Rückschlag, als ein Sturm Teile der Dachkonstruktion der 5000 Quadratmeter großen Halle beschädigte. Aber auch hier bewährte sich Krupps Mannschaft und behob umgehend die Sturmschäden. Auch sonst erwiesen sich diese Helfer als geschickte Handwerker. *„Mit diesen Leuten, die trotz vielfach mangelnder Fachkenntnis mit großem Eifer an ihre Aufgabe gingen, wurden die ‚Fragmente' einstiger Flugzeuge und Motoren unter der sachkundigen Anleitung durch den alten Fliegeroffizier wiederhergestellt."*

Grade-Eindecker auf der ‚Deutschen Luftsportausstellung' 1932

Die Eröffnung des Berliner Luftfahrtmuseums verzögerte sich zum letztenmal infolge der Deutschen Luftfahrt Ausstellung (Dela), die vom 1. bis zum 23. Oktober 1932 in den Ausstellungshallen am Kaiserdamm stattfand. Das Luftfahrtmuseum stellte für die Dela historisches Luftfahrtmaterial und Flugzeuge zur Verfügung. Diese wurden in Halle III unter dem Titel ‚Vergangenheit und Zukunft' präsentiert. Zu den Exponaten, die aus den Adlershofer Beständen stammten, zählten unter anderem ein Wright-Doppeldecker, ein Grade-Eindecker sowie eine Rumpler-Taube.

Als Abschluß des Luftfahrtwerbejahres wurde dann am Dienstag, dem 15. November 1932, das Berliner Luftfahrtmuseum der Öffentlichkeit übergeben. In seiner Eröffnungsansprache betonte Oberbürgermeister Dr. Sahm, daß dieses Luftfahrtmuseum in aller Stille aufgebaut worden sei, ohne daß hierfür besondere Mittel zur Verfügung gestellt werden konnten. Er dankte allen am Aufbau Beteiligten und wies darauf hin, daß sich das Museum auf geschichtlichem Boden befinde, denn hier habe Berlin seinen ersten Flugplatz gehabt. Im Anschluß daran berichtete Oberbaurat Sauernheimer, Direktor der Flughafengesellschaft und Förderer dieses Projektes, über die Entwicklungsgeschichte und den Aufbau der Sammlung.

Zwischen den Ehrengästen befand sich auch die über 60jährige Käte ‚Kätchen' Paulus, Deutschlands erste Fallschirmspringerin, die 1893 in Nürnberg ihren ersten Absprung von einem Ballon aus 1600 Meter Höhe wagte. Kätchen Paulus, die vierte Fallschirmspringerin der Welt, konnte sich im Museum selbst als Wachsfigur bewundern. Die Puppe trug ihre Originalsportkleidung und unter der Mütze konnte man ihr echtes Haar sehen, das sie sich für den damals modernen Bubikopf hatte abschneiden lassen; Ballonkorb und Fallschirm waren ebenfalls ausgestellt.

Unter Führung von Krupp, dem Leiter des Museums, fand anschließend ein Rundgang durch die Halle statt. Insgesamt wurden rund 40 Flugzeuge präsentiert, die die Entwicklung der Luftfahrt dokumentierten. Aus der Frühzeit der Fliegerei waren z. B. vertreten: der Nachbau eines Lilienthal-Gleiters, Gustav Lilienthals Schwingenflugzeug, ein in Lizenz gefertigter Wright-Doppeldecker mit einem 30 PS NAG Motor, ein Grade-Eindecker, eine Geest-Möwe, die AEG-Eule, eine Rumpler-Taube sowie eine LVG System Schneider.

Die Sammlung von Kriegsflugzeugen war sehr umfangreich. Neben Beuteflugzeugen waren Maschinen folgender deutscher Hersteller ausgestellt: Albatros, AEG, Aviatik, DFW, Fokker, Junkers, LVG, Pfalz, Rumpler, Siemens-Schuckert u. a. m. Auch Flugzeugtypen der zwanziger Jahre waren zu sehen, unter anderem von den Firmen Albatros, Caspar, Dietrich, Dornier, Heinkel, Junkers und Stahlwerke Mark.

Ungefähr 50 in- und ausländische Motoren gaben einen guten Überblick über die Entwicklung der Flugzeugmotoren von 1905 bis 1931. In der Luftschiffabteilung war die Originalgondel des Marine-Luftschiffes L 14 sowie ein Teil des Laufganges des L 11 zu sehen. Darüberhinaus wurden Pläne, Karten, Fotos, Dokumente und Modelle aus den Anfängen der Passagier- und Militärluftschiffahrt (Heer / Marine) gezeigt. Besondere Erwähnung sollen hier die Originalzeichnungen des ersten starren Luftschiffes von David Schwarz finden.

Gegenüber dem Eingang, vorbei an dem Gedenkstein für die gefallenen Flieger von Johannisthal, gelangte der Besucher auf einer schmalen Wendeltreppe zum ‚Ehrenraum der deutschen Luftfahrt', der in der Mitte der Halle lag. Von hier aus hatte man einen guten Überblick über das gesamte Museum. Der Ehrenraum, das ehemalige Meisterbüro, war den Pionieren der Luftfahrt gewidmet. Gemälde, Büsten und Originalbriefe erinnerten an Graf Zeppelin, Major von Tschudi, Eckener, Köhl und von Hünefeld. Lilienthals Büste, ein Geschenk der Stadt Berlin, stand in einem separaten Raum, der von der Enkelin Lilienthals gestaltet worden war.

Verließ der Besucher das Museum und trat zwischen die frisch angelegten Rasenflächen, die mit Zierbäumen bepflanzt waren, so konnte er zurückblickend über dem Eingang den alten oldenburgischen Hausspruch lesen: ‚Denn nur wer der Vergangenheit geheimnisvollen Zauber spürt kann recht in sich die Kraft bereiten, die zu der Zu-

Wachsfigur von ‚Kätchen' Paulus mit Ballonkorb und Fallschirm im Berliner Luftfahrtmuseum 1932

kunft Taten führt.' Trotz der Vielfalt der Exponate konnte aus Platzmangel kaum die Hälfte der von Krupp zusammengetragenen Sammlung, die einen Versicherungswert von einer Million Mark hatte, gezeigt werden.

Doch bereits am Eröffnungstag wurden Stimmen laut, die die Lage des Luftfahrtmuseums in Berlin-Adlershof – also weitab vom Stadtzentrum – für ungünstig hielten. Die Fahrt mit der Stadtbahn Richtung Johannisthal-Niederschöneweide dauerte vom Stadtzentrum aus ungefähr eine Stunde. Hinzu kam noch ein Fußweg von etwa 15 Minuten Dauer. Bereits in ihrem Bericht vom Eröffnungstag kritisierten verschiedene Tageszeitungen diesen Sachverhalt: „Hoffentlich werden in absehbarer Zeit die Mittel aufgebracht, die notwendig sind, um die schöne Sammlung in einer besser zugänglichen Gegend zeigen zu können."

Aufgrund geringer Besucherzahlen wurde das Museum nach kaum zweijähriger Öffnungszeit am 8. November 1934 geschlossen.

Als neuer Standort des Luftfahrtmuseums wurde der damals nicht mehr genutzte Ausstellungspalast an der Straße Alt-Moabit bestimmt. Die ab Oktober 1934 laufenden Vorbereitungen leitete wiederum der auf diesem Gebiet mittlerweile erfahrene Georg Krupp. Zur Bewältigung der anfallenden Aufgaben waren ihm diesmal 300 Arbeitslose zugeteilt. Bevor jedoch der eigentliche Aufbau der Sammlung beginnen konnte, mußte das Gebäude grundlegend überholt werden. Dazu war es nötig, zahlreiche Trennwände im Ausstellungsgebäude zu entfernen. Die Stahlskelettkonstruktion des Ausstellungspalastes mußte entrostet und frisch gestrichen werden, die unteren Teile der Stahlträger wurden teilweise mit einem feuerhemmenden Material verkleidet, für 60 000 Mark wurde erstmals seit 1896 das Glasdach gereinigt und schadhafte Scheiben erneuert. Auch die Elektroinstallationen mußten überholt und Notausgänge geschaffen werden.

Am 12. November 1935 fand eine erste Besichtigung des werdenden Museums statt durch Staatskommissar Dr. Lippert, Vizepräsident Steeg und Stadtrat Johannes Engel, Aufsichtsratsvorsitzender der Berliner Flughafen-Gesellschaft. Auch Vertreter des Luftfahrtministeriums und der Presse waren anwesend.

Den Betrachtern bot sich folgendes Bild: „Noch ist alles im Werden ... Noch steht in den weiten Hallen erst ein Bruchteil aller Flugzeuge und Modelle, die hier gezeigt werden sollen, aber man erkennt bereits die ordnende Hand, erkennt Umriß und Ausmaß dieses über jedes Erwarten großzügigen Museumsplanes, spürt, daß hier fast aus dem Nichts heraus Bleibendes und Wertvolles geschaffen wird."

Zu den Beständen des neuen Museums zählte die ehemalige Adlershofer Sammlung, Teile der Junkers Lehrschau aus Dessau sowie die Exponate des Deutschen Luftfahrtmuseums in Böblingen, das 1935 geschlossen und komplett nach Berlin überführt worden war. Darüberhinaus bemühte sich Krupp, noch weitere Flugzeuge für die Sammlung zu erwerben. „Immer wieder hört er zufällig von einem interessanten Apparat oder einer alten, einmaligen Konstruktion, die irgendwo liegen soll. Und dann setzt ein Apparat von liebenswürdigen Briefen, freundlichen Anfragen und herzlichen Besuchen ein, bis auch dieses Stück entweder als Geschenk oder als Leihgabe im Museum aufgestellt werden kann."

Zu den weiteren Arbeiten, die bis zur Eröffnung noch geleistet werden mußten, gehörte auch die Instandsetzung der großen Freitreppe, die als Haupteingang von der Straße Alt-Moabit in den Park führte. Zusätzlich wurde noch ein zweiter Eingang geschaffen, der von der Invalidenstraße durch den Restaurationsgarten und unter der Stadtbahn hindurch auf das Museumsgelände führte.

Am Sonnabend, dem 20. Juni 1936, wurde dann das neue Museum eröffnet. In nur 21 Monaten war es Georg Krupp gelungen, aus der vergleichsweise kleinen Adlershofer Sammlung ein repräsentatives Luftfahrtmuseum aufzubauen, das größte dieser Art auf der Welt.

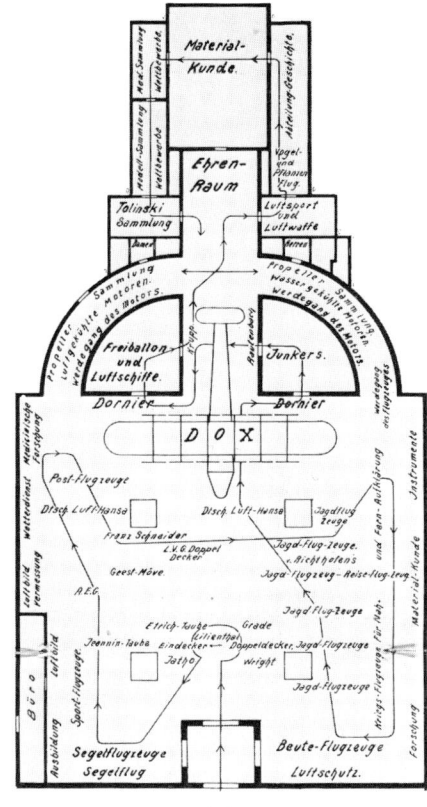

◄◄
Die Eröffnung der ‚Deutschen Luftfahrt Sammlung' am 20. Juni 1936. Links General Milch, daneben Staatskommissar Dr. Lippert

▲
Grundriß der Deutschen Luftfahrt Sammlung bei der Eröffnung 1936

Die Deutsche Luftfahrt Sammlung (DLS) wurde um 11 Uhr vormittags in einer Feierstunde der Öffentlichkeit übergeben. Ein Fliegermarsch leitete die Feier ein. Dann ergriff der Betriebsführer der Berliner Flughafen-Gesellschaft, Rudolf Böttger, das Wort. *„Es sei keine leichte Aufgabe gewesen, mit den Beständen des früheren kleinen Museums, das in einer Fabrikhalle … aufgebaut war, eine würdige Deutsche Luftfahrt Sammlung zu schaffen. Die Gefolgschaft der Berliner Flughafen-Gesellschaft und Hauptmann Krupp seien jedoch von einer großen Begeisterung für die Sache erfüllt gewesen."* Für ihre Unterstützung dankte Böttger vor allem Staatskommissar Dr. Lippert und Stadtrat Engel.

Nachdem Direktor Böttger dem Staatskommissar die Schlüssel der Sammlung übergeben hatte, hielt Dr. Lippert die Eröffnungsansprache. Er brachte zum Ausdruck, daß die Stadt Berlin es seit Jahren als ihre Aufgabe angesehen habe, die Luftfahrt zu fördern. Die Wahl des Standortes Berlin für die Deutsche Luftfahrt Sammlung sei von besonderer Bedeutung, da sich hier der Luftverkehrsknotenpunkt Europas befände. Lipperts Dank ging auch an die zuständigen Behörden des Reiches und des preußischen Staates, *„ … denn durch die Vollendung des Baues konnte auch eine schöne städtebauliche Aufgabe verwirklicht werden, indem es gelang, hier einen Schandfleck zum Verschwinden zu bringen, der seit Jahrzehnten den umgebenden Stadtteil verunzierte."*

Zu den Ehrengästen zählten neben den ausländischen Militärattachés, Staatssekretär Milch in Vertretung des Reichsministers der Luftfahrt Hermann Göring, Staatssekretär Körner als Vertreter des Preußischen Ministerpräsidenten sowie weitere Vertreter von Politik und Militär. Bei der anschließenden Führung, die von Krupp und Böttger geleitet wurde, hatten die Gäste Gelegenheit, sich von der Größe und Vielfalt der Sammlung zu überzeugen.

Auf der Freifläche rechts und links vor dem Museum standen die Verkehrsflugzeuge Dornier Merkur, Dornier Komet und Junkers G 24. Hinter dem Hauptportal der Deutschen Luftfahrt Sammlung lag zunächst der Empfangsraum, über dem sich der blaugetönte Kuppelbau erhob. In diesem Raum waren Büsten von Hitler und Göring aufgestellt.

Blick vom Empfangsraum in die Haupthalle mit dem Flugschiff Do X

Beim Eintreten in die große Halle fiel der Blick sogleich auf das größte Exponat der Sammlung – die Dornier Do X, welche den Mittelteil der Haupthalle beherrschte. Dem ehemaligen Kommandanten der Do X, Friedrich Christiansen, war es mit zu verdanken, daß das Flugschiff für die Sammlung zur Verfügung gestellt wurde. Schon der Antransport der Maschine, deren Spannweite 48 Meter betrug, brachte erhebliche Probleme mit sich. Mit Hilfe eines Schleppkahnes wurde der Rumpf im Frühjahr 1935 in den Westhafen gebracht. Die Tragflächen waren zuvor demontiert worden. Um die Do X in die Deutsche Luftfahrt Sammlung zu überführen, wurde der Rumpf mit Kränen auf Tieflader der Reichsbahn verladen. Der eigentliche Transport nach Moabit erfolgte nachts, da ganze Straßenzüge abgesperrt und Oberleitungen der Straßenbahn demontiert werden mußten, *„ ... weil ‚Do X' sogar zu groß war für die an und für sich allen Ansprüchen in verkehrlicher Hinsicht gewachsenen Straßenweiten der Millionenstadt Berlin."* Ebenfalls schwierig gestaltete sich der Wiederzusammenbau des etwa

Das bekannteste Exponat der DLS das Flugschiff Do X

zehn Meter hohen Flugschiffes mit der Montage der sechs auf den Tragflächen stehenden Motorgondeln. Zunächst war geplant, im Inneren der Maschine ein Fliegercafé einzurichten, wo auch Fliegerhochzeiten durchgeführt werden sollten. Dieser originelle Plan kam jedoch nicht zur Ausführung.

Bei der Eröffnung verfügte die Deutsche Luftfahrt Sammlung über etwa 80 Flugzeuge, zu denen in den folgenden Jahren ständig weitere Exponate hinzukamen, so daß sich die Zahl auf 110 erhöhte.

Aus der Frühzeit der Fliegerei sah man unter anderem Otto Lilienthals Flugzeug Nr. 11, den sogenannten Normal-Segelapparat (1894) sowie sein Flugzeug Nr. 14, den großen Doppeldecker (1895). Hierbei handelte es sich nicht um Originale, sondern um Nachbauten von Hans Richter, ausgeführt beim Motorflugzeug-Versuchsbau auf dem Flughafen Tempelhof.

Nachbau des Normal-Segelapparates Nr. 11 (1894) von Otto Lilienthal

Aus der Zeit vor 1914 waren zahlreiche Maschinen vertreten, so beispielsweise das Flugzeug Jatho II, mit dem Karl Jatho aus Hannover nach eigenen Angaben am 18. August 1903 in der Vaarenwalder Heide ein erster Luftsprung von 18 Metern in 0,75 Meter Höhe gelang. Die Maschine war mit einem 12 PS luftgekühlten, französischen Buchet-Einzylindermotor ausgerüstet. Ferner waren von Hans Grade mehrere Eigenbauten, von Etrich eine Taube, von Jeannin eine Stahltaube, eine Geest-Möwe sowie ein von der Flugmaschine Wright GmbH gebauter Doppeldecker vertreten.

Sehr umfangreich war die Sammlung von Flugzeugen aus dem Ersten Weltkrieg. Neben Beuteflugzeugen waren Maschinen folgender deutscher Flugzeugwerke ausgestellt: AEG, Albatros, Aviatik, DFW, Fokker, Halberstadt, Junkers, LFG, LVG, Pfalz, Rumpler, Siemens-Schuckert und Zeppelin-Staaken. Teilweise waren mehrere Typen eines Herstellers in der Sammlung vertreten.

Eine besondere Attraktion stellten die Flugzeuge Manfred Freiherr von Richthofens dar. An seinem Albatros Jagdeinsitzer hing ein Schild mit der Aufschrift: „Dieses Flugzeug hat für das deutsche Volk einen unersetzlichen Wert. Wir bitten daher, die Maschine nirgends zu berühren." Außerdem war ein roter Fokker Dreidecker Dr I zu sehen, ein Nachbau des Types, mit dem Richthofen am 21. April 1918 abgestürzt war. Gebaut wurde dieses Flugzeug für die Fliegerfilme ‚Pour le mérite' und ‚D III 88'. Daneben stand Richthofens Büste. Weitere Informationen über sein Leben vermittelte eine kleine Fotoausstellung. Eine weitere Fokker, eine D VII, kam zu Beginn des Jahres 1937 in die Sammlung. Diese Maschine stammte aus den Beständen der Schweizer Fliegertruppe und wurde durch Ernst Udet von Dübendorf nach Berlin geflogen.

◄◄
Etrich-Taube mit
Mercedes 4-Zylinder
Motor (1910/11)

◄
Grade Eindecker mit
gondelartiger Sitzver-
kleidung

▼
Grade Dreidecker
aus dem Jahre 1908

Nachbau der
Fokker DrI

Albatros C IX aus dem
Jahre 1916

AEG JI, Infanterie
Flugzeug aus dem
Jahre 1918

Die nach 1918 einsetzende Entwicklung des Luftverkehrs wurde durch drei Typen repräsentiert. Es handelte sich hierbei einmal um eine umgebaute Rumpler C IV der Deutschen Luftreederei. Maschinen dieses Types wurden erstmals am 5. Februar 1919 auf der Strecke Berlin–Weimar aus Anlaß der Tagung der Nationalversammlung eingesetzt. Ferner wurden eine Junkers F 13 und eine Sablating P 3 gezeigt. Die Sablating P 3 ‚Libelle' aus dem Jahre 1921 hatte die Zulassung D-581. Die beiden letztgenannten

◄◄
Junkers J I, Infanterie Flugzeug 1918
▲
Kabinen-Rumpler, 1919
▼
Rohrbach Ro VIII, Roland II ‚Niederwald' aus dem Jahre 1929

Baumuster standen im Dienst der Deutschen Luft Hansa, wobei die F 13 das erste Exemplar dieses später so überaus erfolgreichen Types war. Sie trug die Werknummer 531 und erhielt nach erfolgreicher Abnahme am 18. Juli 1919 die Zulassung D-183. Benannt wurde sie nach der ältesten Tochter Professor Junkers ‚Herta‘. Ab Mai 1920 bekam die F 13 aufgrund der neuen Luftfahrzeugrolle die Zulassung D-1 und den Namen ‚Nachtigall‘.

Die Epoche der Ozeanflüge war vertreten durch die Caspar C 32 ‚Germania‘, D-1144, mit der unter Führung von Otto Könnecke und Graf Solm eine Ozeanüberquerung geplant war. Mit dieser Maschine wurde im Jahre 1927 dann jedoch nur ein Fernflug über Ankara bis zum Persischen Golf durchgeführt.

Von der Vielzahl der anderen ausgestellten Flugzeuge seien hier noch einige genannt. Erwähnenswert ist die Studie eines Flugautos, konstruiert von Ludwig und Mertens, das vom Ambi-Budd Presswerk in Johannisthal, einer Firma zur Herstellung von Konstruktionsteilen für den Flugzeugbau, gefertigt wurde. *„So, dachte man, würden in Zukunft die Berliner über den Kurfürstendamm brausen, um bei Halensee – husch, husch – in die Luft zu gehen"* berichtete der Berliner Lokalanzeiger.

Das Berliner Tageblatt hebt ein anderes Flugzeug hervor: *„Mit einer gewissen Rührung sieht der Besucher schließlich das Motorschwingenflugzeug Gustav Lilienthals, an dem der Alte, ... bis kurz vor seinem Tode (1933) gearbeitet hat."*

Zu den interessantesten Exponaten der Sammlung zählte auch das für den Ullstein-Verlag entwickelte Zeitungsflugzeug Heinkel HD 39. Bei dieser Maschine konnte der Pilot die Zeitungspakete über den Bestimmungsorten abwerfen. Das Flugzeug hatte einen auffälligen Anstrich und trug auf beiden Seiten die Bezeichnung B. Z. I. Bereits nach elf Monaten, im März 1927, hatte die B. Z. I erfolgreich 100 000 km im täglichen Zeitungstransportdienst zurückgelegt.

Das Zeitungsflugzeug
Heinkel HD 39 aus
dem Jahre 1926

Außergewöhnlich war auch die Junkers Ju 49 ba – ein Höhenforschungsflugzeug. Bei dieser Junkers, die im Oktober 1931 ihren Erstflug absolvierte, gelang es durch ständige Verbesserungen, die Gipfelhöhe bis auf 13 000 Meter im Jahre 1935 zu steigern. Der zweisitzige Besatzungsraum war eine druckdichte, kältegeschützte, doppelwandige Kabine. Nur kleine Bullaugen gewährten der Besatzung Ausblick und ein Sehrohr im Rumpfboden ermöglichte dem Piloten die Sicht nach unten.

Neben Flugzeugen kamen auch Bauteile zur Ausstellung, so der Rumpfbug einer Heinkel He 111, einer Junkers Ju 88 und einer Focke-Wulf 200, jeweils mit komplett ausgerüsteten Führerräumen und die Sturzflugbremse einer Dornier Do 217.

Die Motorensammlung

Im einzelnen gliederte sich die Deutsche Luftfahrt Sammlung auf einer Ausstellungsfläche von 13 000 Quadratmetern in folgende Abteilungen:

Werdegang des Flugzeuges	Wetterdienst
Werdegang des Motors	Materialkunde
Propellersammlung	Forschung
Modellsammlung	Medizinische Forschung
Geschichte	Segelflug
Tolinski-Sammlung	Luftsport
Freiballone und Luftschiffe	Wettbewerbe
Flugzeugfirmen	Deutsche Lufthansa
Ausbildung	Luftwaffe
Instrumente	Luftschutz
Luftbildwesen	Vogel- und Pflanzenflug

Hinter dieser Auflistung verbarg sich eine solche Fülle von Material, daß hier nur auf einige der Abteilungen näher eingegangen werden kann.

Die Entwicklung des Motors spiegelte sich anschaulich in der Flugmotorensammlung wider. Diese umfaßte weit über 100 Motoren, die in ‚luftgekühlt' und ‚wassergekühlt' untergliedert waren. Die verschiedensten Systeme waren hier zu sehen, Rotationsmotoren, Stand-(Reihen-)motoren und Sternmotoren in einer Vielzahl von Varianten, gefertigt von den unterschiedlichsten Herstellern von Argus bis Siemens & Halske. Darüberhinaus wurde durch Schnittmodelle die Funktionsweise der Motortypen verdeutlicht. Einzelne Bauteile wie Kurbelwellen und Vergaser rundeten die Sammlung ab.

Die Modellabteilung umfaßte etwa 400 Modelle der verschiedensten Flugzeugtypen. Spektakulärstes Ausstellungsstück dieser Abteilung war ein Modell des von Professor Junkers konzipierten Nurflügelflugzeuges J 1000, eines Passagiergroßflugzeuges der Zukunft. „Aus diesem ‚fliegenden Flügel', der bei einer Spannweite von 100 Meter 100 Passagieren bequem Raum bieten wird, ist in Originalgröße ein Teilausschnitt zu sehen. Darin werden die für je zwei oder vier Fluggäste bestimmten Erster- und Zweiter-Klasse-Kabinen mit ihren bequemen Klubsesseln und Betten gezeigt."

Zu der Abteilung Geschichte gehörten zahlreiche Gemälde, Stiche und Zeichnungen sowie rund 2000 Ansichtspostkarten. Einzigartig war auch ein 60 Pfund schwerer Buchband ‚Die illustrierte Geschichte der Luftfahrt'. Dieses rund 8000 Fotos umfassende, handgebundene Exemplar war dem Museum von dem Luftfahrtarchivar Willy Stiasny übergeben worden.

Die historische Johannisthaler Sammlung des Fliegerwirts Tolinski nahm auch in der Deutschen Luftfahrt Sammlung einen breiten Raum ein. In einem zeitgenössischen Interview betonte Tolinski, daß er seine wertvollsten Stücke dem Museum überlassen habe. So fand sich der Inhalt der beiden großen Glasschränke, in denen Tolinski von jedem in Johannisthal Abgestürzten die Kombination, den Sturzhelm und die Stiefel aufbewahrte, in der Moabiter Sammlung wieder. Die Badische Presse schreibt über die

► Blick von der Motorensammlung in die Haupthalle

►► Die Gondel des Marineluftschiffes L14

48

Tolinski-Sammlung: *„Oft sind es ergreifende Reliquien, die zu uns sprechen, so ein buntes Gewirr von Aluminiumteilen und Leinwandfetzen, ein Auspuffrohr, ein Ballonhüllenstoff, ein Tragring – die Überreste von der furchtbaren Explosionskatastrophe des Zeppelin-luftschiffes LZ II am 17. Oktober 1913 in Johannisthal, bei der 28 Menschen den Tod gefunden haben. Hier hängt in einer Glasvitrine eine zerfetzte Lodenjacke. Deutschlands kühner Ballonmeister Robbers trug sie, als er im Oktober 1913 die Hereinbringung des Parseval-Luftschiffes in die Halle leitete. Plötzlich riß sich der Luftriese von den Halte-mannschaften los, nahm Robbers ins Schlepptau und schleifte ihn über die Dächer Berlins. Als Toter wurde er, als später das Luftschiff glücklich zu Boden kam, vom Seil gelöst.“*

Den Freiballonen und Zeppelinen war eine eigenständige Abteilung gewidmet. Zu den Exponaten gehörte die Schiffsglocke des LZ 4, der am 4. August 1908 bei Ech-terdingen verbrannte. Auch die Gondel des Marine-Luftschiffes L 14 (LZ 46), das schon in Adlershof ausgestellt war, war zu sehen. Dieses Luftschiff wurde im September 1918 in Nordholz außer Dienst gestellt und dort am 23. Juni 1919 in seiner Halle zerstört. Die Gondel gelangte später in den Keller des Berliner Museums für Meereskunde in der Georgenstraße, von wo aus Krupp sie in das Berliner Luftfahrtmuseum brachte. Zum Bereich der Militärluftschiffahrt zählte auch ein Spähkorb, wie er von Luftschiffen aus zum Einsatz kam. Dieser Teil der Sammlung zeigte neben Modellen, Ausrüstungs-gegenständen und Konstruktionsteilen auch einen Nachbau der Piccardschen Strato-sphärengondel. Auch die deutsche Luftfahrtindustrie war vertreten. So verfügten die Firmen Dornier, Heinkel und Junkers sowie die Zulieferfirmen Bosch, Krupp und Rau-tenbach über eigene Ausstellungsstände.

Die Instrumente, die in Glasvitrinen präsentiert wurden, reichten vom einfachen Magnetkompaß bis zum ,neuzeitlichen' Instrumentenbrett. Eines der modernsten Geräte war eine Telefunken Zielfunk-Peilanlage. *„Als Gegenstück ist auf dem Ausstel-lungsstand die Zeppelin-Landestation, ein 1929 fertiggestellter 1 Watt Sender zu besich-tigen, der 1931 bei der Nordpolfahrt des ,Graf Zeppelin' erfolgreich Verwendung gefun-den hat.“*

Spähkorb eines Kriegsluftschiffes, da-hinter die Gondel des L 14 und die Rohrbach Ro VIII

Die Abteilung Materialkunde gab Aufschluß darüber, wie die Be- und Verarbeitung der im Flugzeugbau gebräuchlichen Werkstoffe erfolgte. *„Zahlreiche Proben mechanischer Blechbearbeitungen, Leichtmetallguß- und Preßteile, hochwertige Sonderbaustähle, Muster von Stanz- und Sprengnietungen, genormte Vorrichtungen ..."* gaben einen Einblick in den Flugzeugbau.

Auch die Segelflugentwicklung hatte in der Deutschen Luftfahrt Sammlung ihren Platz gefunden. Neben den Segelflugzeugen Horten, Silberschwan und Würzburg war auch im Original das Hochleistungssegelflugzeug ‚Fafnir' vertreten, mit dem Günter Grönhoff der erste Überlandflug von der Wasserkuppe zum Flughafen Tempelhof gelang. Auch das Haeßler-Villinger-Muskelkraft-Flugzeug HV 1, mit dem 1937 eine 712 Meter lange Strecke zurückgelegt wurde, war ausgestellt.

Dem Verkehrsflugzeug und insbesondere der Deutschen Lufthansa war ein entsprechender Raum gewidmet. Wandtafeln gaben einen Überblick über die Entwicklung der Weltluftfahrt in den vorangegangenen Jahrzehnten. Von Interesse im Bereich der Passagierluftfahrt war ferner das von der Berliner Flughafen-Gesellschaft gezeigte Modell des Flughafens Tempelhof sowie das Modell der ‚Ostmark', einem schwimmenden Flugzeugstützpunkt der Lufthansa im Südatlantik.

Die Abteilungen Luftwaffe und Luftschutz zeigten, daß die Deutsche Luftfahrt Sammlung von den Nationalsozialisten auch für ihre Zwecke benutzt wurde. An dem Ende der Halle, das dem Eingang gegenüberlag befand sich ein Ehrenraum. Dort war der Kopf des ‚Eisernen Hindenburg' zu sehen, der während des Ersten Weltkrieges auf dem Königsplatz vor der Siegessäule aufgestellt war und wo man ihn gegen eine Spende benageln konnte. Die Nagelung war seinerzeit vom ‚Luftfahrerdank' zugunsten der Hinterbliebenen von gefallenen Kriegsfliegern durchgeführt worden. Später war das Standbild auf einem Lagerplatz in Gesundbrunnen abgestellt, bis dann der obere Teil in die Deutsche Luftfahrt Sammlung kam. Außerdem waren im Ehrenraum Gemälde von Otto Lilienthal, Graf Zeppelin und v. Tschudi neben Originalzeich-

Vorrichtung für den Serienbau von Tragflächen

50

Rohrholm-Innenflügel
einer Ha 139 B auf
dem Stand der Firma
Blohm & Voss

nungen von v. Richthofen und Angehörigen seines Geschwaders zu finden. Über dem Ehrenraum stand derselbe Spruch, der über dem Eingang der Adlershofer Sammlung bereits zu lesen war.

Obwohl die Deutsche Luftfahrt Sammlung mit 13 000 Quadratmetern über eine große Ausstellungsfläche verfügte, konnten nicht alle Exponate gezeigt werden. Weitere Museumsstücke wurden in den benachbarten Stadtbahnbögen gelagert. Auch neue Exponate wurden hier aufbewahrt, bevor sie zur Ausstellung kamen.

Die Verwaltung der Deutschen Luftfahrt Sammlung war von der Stadt Berlin – wie zuvor auch schon beim Berliner Luftfahrtmuseum – der Berliner Flughafen-Gesellschaft übertragen worden; die Schirmherrschaft über die Sammlung hatte Hermann Göring übernommen. Die Geschäftsberichte der BFG geben einen guten Einblick in die wirtschaftliche Entwicklung der Luftfahrt Sammlung der folgenden Jahre. Georg

Bilder und Statistiken
zur Entwicklung des
Weltluftverkehrs

Krupp und zwei andere Personen waren im Eröffnungsjahr bei der Flughafen-Gesellschaft fest angestellt. Mit rund 50 000 Besuchern jährlich war die Deutsche Luftfahrt Sammlung zur Deckung ihres Defizites auf Zuschüsse angewiesen.

Schon bald nach der Eröffnung wurde das Museum neu gestaltet und erweitert. 1938 wurde die historische Abteilung erheblich vergrößert und neu geordnet. Ferner wurde unter Mitwirkung von Firmen der Flugzeug- und Motorenindustrie eine neue Abteilung geschaffen, die sich auch mit der Zukunft der Luftfahrt beschäftigte und eine Grundfläche von 2900 Quadratmetern einnahm. Außerdem wurde die Abteilung ‚Deutsche Lufthansa' erweitert. Die Luftwaffe und das Nationalsozialistische Fliegerkorps richteten eigene Abteilungen ein.

Im Jahre 1939, als die Deutsche Luftfahrt Sammlung während der Sommermonate geschlossen war, wurde das Museum erneut einer durchgreifenden Umgestaltung unterzogen. Die ersten Beutemaschinen des Zweiten Weltkrieges kamen in die Sammlung. Dazu zählten ein tschechischer Bomber französischer Bauart, Bloch 200, sowie zwei polnische Maschinen vom Typ PZL. Während der ersten Kriegsjahre kamen dann wei-

Beuteflugzeuge in der DLS (1941): links eine Douglas 8A-3N, rechts eine Fokker D XXI, daneben ragt der Propeller der PZL P.11c ins Bild

tere Flugzeuge und Bauteile verschiedener ausländischer Hersteller als Beutestücke hinzu. So waren eine Jakowlew (I-26, Jak 1), eine Mikojan (Mig-1), eine Morane (MS-230), eine Polikarpow (I-16 UTI) und eine Vickers (Spitfire) zu sehen, des weiteren Bauteile wie die Heck-MG-Stände einer Armstrong Withworth (Whitley) und einer Vickers (Wellington). Außerdem zeigte die Ausstellung erbeutete Luftnachrichtengeräte, Flakgeschütze, Scheinwerfer und Horchgeräte. Besucher, die während des Winters 1940/41 die Sammlung aufsuchten, fanden eine sehr unwirtliche Stätte vor. Obwohl 1936 repariert, war das Dach des Ausstellungsgebäudes ein ständiges Ärgernis. Durch Flak und Witterungseinflüsse stark beschädigt, kam es bei starken Niederschlägen zu Wassereinbrüchen. Die Ausstellungsräume waren nicht beheizbar, lediglich ein Wärmeraum stand in den kalten Monaten zur Verfügung.

Wahrscheinlich im Jahre 1942 erhielt die Deutsche Luftfahrt Sammlung einen neuen Namen. „Die ehemalige Deutsche Luftfahrt Sammlung wurde vom Oberbürgermeister der Reichshauptstadt an Reichsmarschall Göring übergeben und geht vorläufig als ‚Museum der Luftfahrt' ihrem weiteren Ausbau entgegen. Es werden bereits jetzt die erforderlichen Vorarbeiten für das geplante ‚Zeughaus der Luftwaffe' geleistet." Man beabsichtigte somit eine Trennung von Zivilluftfahrt und Militärluftfahrt, zumal die räumlichen Kapazitäten des Ausstellungspalastes in Alt-Moabit erschöpft waren. Bereits 1938 existierten Pläne, das Gebäude der Deutschen Luftfahrt Sammlung im Jahre 1945 abzureißen. Im Rahmen der von Albert Speer konzipierten Umgestaltung der Reichshauptstadt sollte die Deutsche Luftfahrt Sammlung im Anhalter oder Potsdamer Bahnhof eine neue Unterkunft finden. Geplant war auch im Juni 1943 eine Sonderausstellung über das feindliche Tarnungswesen im Bereich des passiven Luftschutzes. Wie der weitere Verlauf der Geschichte zeigt, kam es jedoch nicht dazu. Britische Bomber beschädigten in den Nächten zum 23. und 24. November 1943 Gebäude und Sammlung stark. Die wenigen Objekte, die nicht zerstört oder ausgelagert waren, darunter die stark beschädigte Do X, befanden sich noch bis in die ersten Nachkriegsjahre in der Ruine des Ausstellungsgebäudes, bis sie bei deren Abriß auch beseitigt wurden.

Die Ruine des Ausstellungsgebäudes mit dem ausgebrannten Rumpf und den Tragflächen der Do X (1945)

Die Geschichte der verloren geglaubten Flugzeuge aus der Deutschen Luftfahrt Sammlung

Eigentlich begann alles recht zufällig; bei seinen Recherchen über das ehemalige Verkehrs- und Baumuseum an der Invalidenstraße stieß Holger Steinle gelegentlich auch auf Hinweise auf das frühere Ausstellungsgelände; zum einen waren dies die spärlichen baulichen Überbleibsel auf diesem öden Gelände und zum anderen vage Erinnerungen von Besuchern der Deutschen Luftfahrt Sammlung. In einem waren sich allerdings alle Informationen gleich: Die Deutsche Luftfahrt Sammlung wurde durch Bombenangriffe fast völlig zerstört, und die Reste wie beispielsweise die beschädigte Do X wurden in den ersten Nachkriegsjahren beseitigt. Dennoch schienen einige Zweifel angebracht, ob von einer so umfangreichen Sammlung mit rund 100 Originalflugzeugen wirklich gar nichts mehr erhalten sein sollte. Nach intensiveren Nachforschungen wurde Steinle in seiner Vermutung bestärkt, daß ein Teil der Sammlung erhalten und vermutlich in Polen magaziniert sei.

Wieder spielte der Zufall eine wichtige Rolle, als er bei einem Archivbesuch Michael Hundertmark kennenlernte; dieser konnte dank seiner jahrelangen Recherchen zur Geschichte der Berliner Luftfahrtmuseen mit genauen Angaben und vor allem dem entscheidenden Hinweis auf den Aufenthaltsort der Flugzeuge in Polen dienen. Damit war klar, daß es am besten war, nach Polen zu fahren, um dort genaue Auskünfte einzuholen. Aufbauend auf gute persönliche Kontakte fuhr Steinle mit den Polenexperten Irmel Johannson und Uli Feuerhorst im Oktober 1982 nach Polen. Am 8. Oktober besuchten sie das Museum für Luft- und Raumfahrt in Krakau. Dank der mitreisenden polnischen Freunde entwickelte sich schnell eine Diskussion, in der bestätigt wurde, daß im unzugänglichen Teil des Museums deutsche Flugzeuge gelagert seien, die nachweislich aus Berlin stammten. Ein heimlicher Blick in die verschlossenen Räume beseitigte die letzten Zweifel. Diese Neuigkeit wurde in Berlin im gerade gegründeten Museum für Verkehr und Technik von dessen Direktor begeistert aufgenommen. Unkompliziert wurde die weitere Vorgehensweise gemeinsam festgelegt. Ziel sollte sein, in enger Zusammenarbeit mit dem Museum für Luft- und Raumfahrt in Krakau die jahrzehntelang verborgenen Schätze der interessierten Öffentlichkeit wieder zu präsentieren. Es war klar, daß sich die zahlreichen Hindernisse nur dann überwinden ließen, wenn es gelingen würde, in aller Stille eine Atmosphäre des gegenseitigen Vertrauens zu schaffen, in der beide Seiten die Interessen des Partners akzeptierten.

Steinle begann deshalb seine Kontakte nach Polen auf mehreren Ebenen auszubauen; 1983 erfolgte der erste Besuch der Autoren mit dem Direktor des Berliner Museums im Museum für Luft- und Raumfahrt in Krakau, um über Formen der zukünftigen Zusammenarbeit zu diskutieren. Bedeutende Unterstützung erfuhr das Projekt durch die Bekanntschaft mit dem polnischen Luftfahrthistoriker Marian Krzyzan, dem Autor zahlreicher Veröffentlichungen zur Luftfahrtgeschichte. Krzyzan hatte sich in

Polen jahrelang mit den erhaltenen Objekten der ehemaligen Deutschen Luftfahrt Sammlung beschäftigt und sich dadurch zu einem profunden Kenner der frühen deutschen Luftfahrtgeschichte entwickelt. Umfangreiches Material darüber hatte er in seinem Archiv zusammengetragen. Mit ihm konkretisierte sich in langen Diskussionen, die von Sachkenntnis und freundschaftlicher Verbundenheit bestimmt waren, ein Kooperationsmodell, das die Interessen beider Seiten berücksichtigte und das bei den äußerst schwierigen Rahmenbedingungen als beispielhafte Form für eine solche Zusammenarbeit angesehen werden kann. Grundlage aller Überlegungen war die Erkenntnis, daß den Polen das Verdienst gebührte, die für ihre Technikgeschichte nicht sonderlich bedeutsamen Exponate über Jahre aufbewahrt zu haben, während zur gleichen Zeit in Deutschland, wie es das Ende der Do X und anderer Überbleibsel der Deutschen Luftfahrt Sammlung zeigte, unersetzliche Objekte bedenkenlos beseitigt wurden. Weiter erschien ein Anspruch auf Rückgabe der ehemals deutschen Flugzeuge, in Anbetracht unvergleichlich größerer Ansprüche der polnischen Seite auf Ersatz historischer Objekte, als nicht begründbar. Die salomonische Lösung sah deshalb vor, diejenigen Flugzeuge in Polen zu belassen, die für die polnische Luftfahrtgeschichte von besonderer Bedeutung waren; nach Berlin sollten dagegen die Flugzeuge kommen, die keinen Bezug zu Polen hatten, aber für die deutsche Luftfahrtentwicklung bedeutsam waren. Voraussetzung für die Realisierung ist allerdings eine zeit-und kostenaufwendige Restaurierung, die gemeinsam von den beiden Museen in Berlin durchgeführt werden soll. In den darauffolgenden Gesprächen mit Experten auf beiden Seiten fand dieser Vorschlag ungeteilte Zustimmung. Eine entsprechende Vereinbarung konnte dann auch im Sommer 1985 getroffen werden.

Vor dem Museum für Luft- und Raumfahrt in Krakau: M. Krzyzan, H. Steinle, W. Kiscinski, G. Gottmann und Z. Baranowski (von links nach rechts)

Während diese Verhandlungen liefen, wurde gleichzeitig jedem Hinweis nachgegangen, der versprach, Licht in die mysteriöse Auslagerung der Flugzeuge der Deutschen Luftfahrt Sammlung zu bringen. Zahlreiche Zeitzeugen wurden befragt, Archive aufgesucht, jede noch so kleine Spur verfolgt, bis sich allmählich das Geschehen jener Tage in Umrissen rekonstruieren ließ. Schon bald nach Beginn des Zweiten Weltkrieges wurde die Deutsche Luftfahrt Sammlung umgestaltet; dazu erhielt sie ständig Neuerwerbungen, seien es Beutemaschinen, deutsche Flugzeuge oder anderes interessantes Material. Die darüber in den damaligen Zeitungen veröffentlichten Artikel gaben diesen Sachverhalt allerdings nur unvollständig wieder. So erwähnte beispielsweise der Luftfahrtjournalist Arthur Schreiber, daß er auf eine entsprechende Aufforderung hin wegen der drohenden Bombengefahr, der Deutschen Luftfahrt Sammlung im Sommer 1942 wertvolles Archivmaterial übergeben hatte. Er war dabei kein Einzelfall, wie von anderer Seite bestätigt wurde. Aufgrund fehlender Unterbringungsmöglichkeiten im Ausstellungsgebäude wurden vor allem für die Großobjekte Depoträume benutzt, die sich in den nahegelegenen Stadtbahnbögen befanden. Hier lagerten auch die Flugzeuge, die man später in der Deutschen Luftfahrt Sammlung ausstellen wollte; so Udets Curtiss nach dessen Tod, das Weltrekordflugzeug Me 209, die Fokker Spinne und einige andere mehr, die sich zur Zeit aber noch nicht genauer bestimmen lassen.

Es kam aber ganz anders. Bei einem der ersten großen nächtlichen Luftangriffe auf Berlin am 22. und 23. November 1943 wurde auch die Deutsche Luftfahrt Sammlung in Mitleidenschaft gezogen. Zahlreiche Flugzeuge wurden beschädigt oder zerstört. Bei den Aufräumungsarbeiten wurden dann die, die noch leidlich gut erhalten, transportgeeignet und zudem luftfahrttechnisch bedeutsam waren, in das damalige Czarnikau (Czarnkow) an der Netze, rund 30 km südlich von Schneidemühl (Pila),

Flugzeuge aus der DLS in Lokomotivschuppen in Pilawa

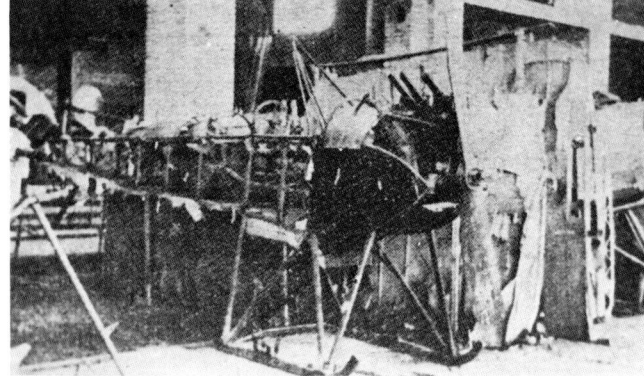

befördert. 23 Flugzeuge, ein Segelflugzeug und zahlreiche Motoren, die auf dem Transport weitere, unvermeidbare Beschädigungen erhalten hatten, waren dort in alten Lagerhallen untergebracht, bis im März 1945 polnische Truppen dieses Lager in Besitz nahmen. Zum Jahresende 1945 wurde diese Sammlung dann nach Gadki in der Nähe von Posen (Poznan) in Luftfahrtmagazine umgelagert. Nächste Station waren Lokomotivschuppen in Pilawa, 30 km südöstlich von Warschau. Dort lagerten sie von 1950 bis 1954. Anschließend kamen sie nach Breslau (Wroclaw) und wurden dort in zwei Ausstellungshallen in der Nähe des Zoos magaziniert. Nach der Gründung des polnischen Museums für Luft- und Raumfahrt in Krakau wurden sie schließlich 1963 zu ihrem bisher letzten Standort gebracht. Seitdem sind die Flugzeuge in diesem Museum unzugänglich magaziniert.

Verladen der Flugzeuge in Wroclaw (Breslau) für den Transport nach Krakau

Flugzeuge aus der Deutschen Luftfahrt Sammlung im Depot des Museums für Luft- und Raumfahrt Krakau.

Nachfolgend werden die Flugzeuge beschrieben, von denen die Autoren zu wissen glauben, daß sie aus der Deutschen Luftfahrt Sammlung stammen. In mühevoller Kleinarbeit zusammengetragen, wird hier die Geschichte jedes einzelnen Flugzeuges erzählt, soweit sie sich ermitteln ließ; manche Lücken und Ungenauigkeiten müssen trotz der aufwendigen Arbeiten von Marian Krzyzan, der jedes einzelne Flugzeug im Magazin des Museums in Krakau untersuchte, als gegeben hingenommen werden. Was von der einstmals umfangreichen Motorensammlung in Krakau vorhanden ist, läßt sich zur Zeit noch nicht feststellen. Dies hängt damit zusammen, daß es kein Bestandsverzeichnis und kaum Fotos davon gibt und die Motoren auch keine Unikate wie die Flugzeuge sind. Es bleibt zu hoffen, daß im Zusammenhang mit der Restaurierung der Flugzeuge und durch Hinweise aus der Bevölkerung hier noch etwaige Ungenauigkeiten geklärt werden können.

Das Museum für Luft- und Raumfahrt in Krakau

Blick über einen Teil
der zahlreichen Aus-
stellungsstücke des
Krakauer Museums
(u. a. RWD-13,
PZL P.11c, PWS-26,
MD-12)

Weitere Objekte des
Krakauer Museums
(u. a. MD-12, Jak 12,
PWS-26, PZL P.11c)

AEG Eule 1914

Der zweisitzige, einmotorige Mitteldecker ‚Eule' stammte von Ingenieur Wagner und wurde im Herbst 1914 in der Flugtechnischen Abteilung der Allgemeinen Elektrizitäts-Gesellschaft (AEG) gebaut. Dieser 1910 gegründete Firmenzweig hatte seine Produktionsstätten in Henningsdorf nördlich von Berlin.

Von diesem Flugzeug wurden nur zwei Versuchsmuster hergestellt. Sie hatten eine neuartige Tragflächenkonstruktion; die Tragflächen verjüngten sich nach außen, ihr Profil war stark gewölbt. Der bei der AEG traditionelle Stahlrohrrumpf hatte einen maximalen Querschnitt von 1,10 x 0,98 m und eine Länge von 4,77 m zuzüglich Motorvorbau. Das erste Versuchsmuster war mit einem Rotationsmotor ausgerüstet. Bei Repa-

raturarbeiten am Treibstofftank verbrannte diese Maschine vollständig noch vor der eigentlichen Erprobung.

Die zweite Maschine hatte einen 4-Zylinder Reihenmotor. Die Versuche mit diesem Prototyp wurden nach einigen Probeflügen abgebrochen und die Entwicklung von Eindeckern mit Ausbruch des Ersten Weltkrieges eingestellt. Während der Kriegszeit wurden in den AEG-Werken Doppeldecker produziert, die vor allem als Aufklärer und Bomber zum Einsatz kamen. Die AEG Eule wurde nach Beendigung der Versuche in der Fertigungshalle in Henningsdorf als Ausstellungsstück unter der Decke aufgehängt. Später gelangte die Maschine in die Deutsche Luftfahrt Sammlung Berlin.

Das erste Versuchsmuster der AEG Eule mit Rotationsmotor

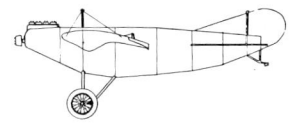

Motor: 4-Zylinder Reihenmotor
Spannweite: 11 m
Länge: ca. 5,80 m je nach Motortyp
Höhe: 2,30 m
Flügelfläche: 11,6 m^2

Im polnischen Museum für Luft- und Raumfahrt befindet sich dieses zweite Versuchsmuster, wenn auch in unvollständigem Zustand. So fehlen Motor, Luftschraube, Räder, Tragflächen sowie das Höhenleitwerk.

◄
Die AEG Eule mit Rotationsmotor in Henningsdorf

◄◄
Rumpfvorderteil mit Benzintank in Krakau

▼
Aufschrift auf der Rumpfbespannung von der Deutschen Luftfahrt Sammlung

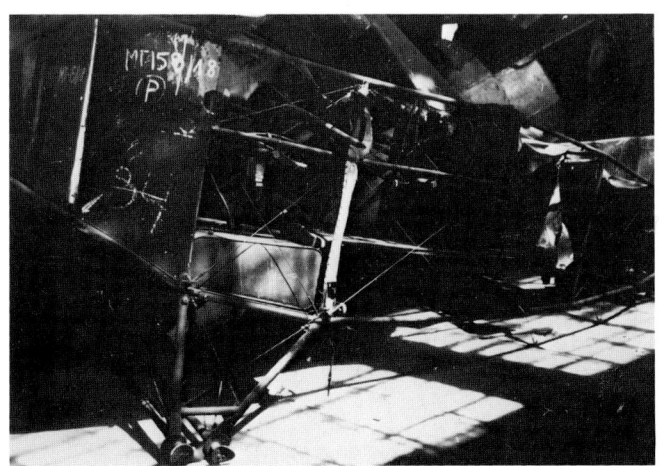

Airco DH 9 A 1918

Die DH 9 A ist ein zweisitziger, einmotoriger Doppeldecker, der im Ersten Weltkrieg als Tagbomber von der Royal Air Force eingesetzt wurde. Die Maschine ist eine Weiterentwicklung der DH 9, welche zur damaligen Zeit zwar sehr verbreitet, jedoch leicht verwundbar war. Mit der DH 9 A gelang es, die Leistungen dieses Flugzeugtypes erheblich zu steigern. Dazu zählte auch die Steigerung der Bombenzuladung um 45 Prozent. Die Entwurfsarbeiten wurden von den ‚Westland Aircraft Works' in Yeovil durchgeführt. Ebenfalls daran beteiligt war eine kleine Gruppe von Technikern und Ingenieuren der ‚Airco Works' in Hendon. Die Westland Werke hatten bereits Erfahrung mit der Umsetzung der Airco Entwürfe. So sollte nach der DH 4 und der DH 9 auch die DH 9 A in Yeovil produziert werden.

Die erste Serie der DH 9 A umfaßte 150 Maschinen mit den Seriennummern F 951–F 1100. 18 Flugzeuge aus diesem Baulos wurden im Juni 1918 an die 110. Schwadron der Royal Air Force geliefert; aufgestellt wurde diese Einheit am 1. November 1917 in Rendcombe in der Nähe von Cirencester. Als die DH 9 A der Schwadron überstellt wurden, war diese in Kenley (Surrey) stationiert. Sie war die erste Einheit bei der dieser Flugzeugtyp zum Einsatz kam. Alle 18 Maschinen wurden vom Nisam von Haiderabad, einem indischen Provinzgouverneur, gestiftet. Wie auch in den anderen am Krieg beteiligten Nationen war es in Großbritannien und dem Commonwealth üblich, Teile der Kriegskosten durch Spenden der Bevölkerung zu finanzieren. Ungewöhnlich war allerdings die Höhe der Spende des Nisam; sie trug dazu bei, daß die Einheit auch 110. Haiderabad Schwadron genannt wurde.

Ende August 1918 wurde die Einheit nach Bettoncourt in Frankreich verlegt, um an Bombenangriffen gegen Deutschland teilzunehmen. Am 5. Oktober 1918, bei einem Angriff auf Kaiserslautern, wurde die Maschine mit der Seriennummer F 1010 (Werknummer WA 8459 AMA) von der Flak beschädigt und mußte auf deutscher Seite notlanden. Sie kehrte von ihrem 6. Einsatz nicht zurück, obwohl diese als 13. Flugzeug an die Schwadron gelieferte Maschine, um dem Aberglauben Rechnung zu tragen, als 12 A betitelt worden war. Da dieser Flugzeugtyp noch nicht lange im Fronteinsatz war, ist anzunehmen – zumal die

Eine Airco DH 9 als Beuteflugzeug mit dem deutschen Hoheitszeichen

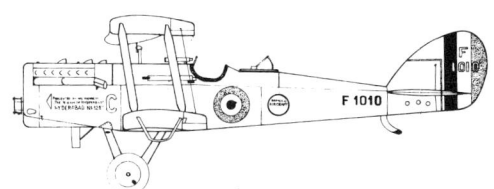

Maschine nur gering beschädigt war –, daß sie von der Flugzeugmeisterei Adlershof zu Prüfzwecken nachgeflogen wurde.

Mit Eröffnung der Deutschen Luftfahrt Sammlung wurde dieses Flugzeug der Öffentlichkeit zugänglich gemacht; sie zählte zum Grundbestand der Sammlung und überdauerte auch die Kriegswirren. Bis 1977 befand sich die F 1010 im Krakauer Luft- und Raumfahrtmuseum. Im Tausch gegen eine Supermarine Spitfire LF-XVI E kam das Flugzeug im Juni 1977 zurück nach Großbritannien, wo es beim RAF Museum's Restauration and Storage Centre in Cardington restauriert wurde. In sechsjähriger Arbeit wurden u.a. die fehlenden Tragflächen, das Höhenleitwerk, das Fahrgestell, die Motorverkleidung und die Luftschraube ergänzt; der Rumpf wurde überarbeitet. Der Motor wurde gegen einen Liberty-Motor ausgetauscht, da das Original irreparabel war. Mitte März 1983 wurden die Restaurierungsarbeiten abgeschlossen. Seitdem kann die DH 9 A, F 1010, im Bomber Command Museum in Hendon, London, besichtigt werden.

Motor: Packard Liberty V 12, 12-Zylinder V Motor, 294 kW (400 PS)
Spannweite: 14,00 m
Länge: 9,22 m
Höhe: 3,45 m
Leergewicht: 1345 kg
Fluggewicht: 2320 kg
Höchstgeschwindigkeit: 196 km/h
Gipfelhöhe: 5105 m
Reichweite: 1000 km
Bewaffnung: ein bewegliches Lewis-Doppel-MG, 1 starres Vickers-MG

▲ ▲ ▲
Eine DH 9A im Ersten Weltkrieg

▲ ▲
Die DH 9A, F 1010 in der Deutschen Luftfahrt Sammlung

▲
Die F 1010 im Depot in Krakau

◀
Die restaurierte F 1010 im Bomber Command Museum in Hendon

Albatros CI 1915

Die überwiegend als Aufklärer zum Einsatz gekommene Albatros CI ist ein zweisitziger, einmotoriger Doppeldecker in Holzkonstruktion, der bei Bedarf mit einer Luftbildkamera ausgerüstet werden konnte. Die Flugzeuge des Types CI wurden in den Jahren 1915 und 1916 in den Albatros Flugzeugwerken Johannisthal gebaut. Insgesamt wurden 744 Exemplare dieser Maschine gefertigt: 634 im Jahre 1915 und weitere 110 im folgenden Jahr. Darüber hinaus wurden die CI und deren Weiterentwicklungen auch bei den Ostdeutschen Albatroswerken (OAW) hergestellt. Dieses Zweigwerk in Schneidemühl hatte im April 1914 die Flugzeugproduktion aufgenommen. In Lizenz entstanden Albatros C-Flugzeuge bei den Bayrischen Flugzeugwerken (BFW) in München, einem Tochterunternehmen der Albatros Werke, bei der Luftfahrzeug-Gesellschaft (LFG) in Berlin sowie beim Merkur-Flugzeugbau ebenfalls in Berlin.

Während der Zeit des Ersten Weltkrieges war Dipl.-Ing. Schubert Leiter des Albatros-Konstruktionsbüros. Der Entwurf zur CI stammte von dem Technischen Direktor Robert Thelen. Er ähnelte in vielen Details den Albatros Doppeldeckern BI und BII, welche die letzten Konstruktionen waren, die Ernst Heinkel für die Albatros Werke entwarf, bevor er im Frühjahr 1914 zu den Brandenburgischen Flugzeugwerken (später: Hansa- und Brandenburgische Flugzeugwerke) in Briest bei Brandenburg überwechselte.

Die Albatros CI im polnischen Luft- und Raumfahrtmuseum hatte nach dem Ersten Weltkrieg die zivile Kennung D-142. Halter war die in Berlin ansässige Luftverkehrsgesellschaft Lloyd Ostflug. Die aus der Deutschen Luftfahrt Sammlung stammende CI hat die Bauauftragsnummer 197/15 und gehört zur dritten Serie, die die Maschinen 195/15 bis 294/15 umfaßte.

Eine Albatros C1

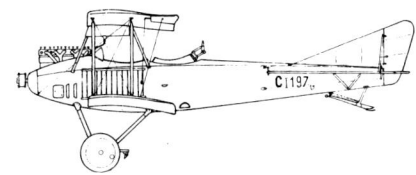

Motor: Benz Bz III, 6-Zylinder Reihenmotor, 118 kW (160 PS)
Spannweite: 12,90 m
Länge: 7,85 m
Höhe: 3,14 m
Flügelfläche: 40,40 m²
Leergewicht: 840 kg
Fluggewicht: 1190 kg
Höchstgeschwindigkeit: 140 km/h
Gipfelhöhe: 3000 m
Reichweite: 2,5 h
Bewaffnung: ein bewegliches Parabellum-MG, Kaliber 7,92 mm

In gutem Zustand erhalten geblieben sind nur der Rumpf der Albatros C1 mit dem Benz Bz III Motor sowie das Fahrgestell ohne Räder und Reifen. Es fehlen die Tragflächen, das Leitwerk sowie die Luftschraube. Die Farbe des Rumpfes ist hellgrau.

▲
Eine Albatros C1 mit seitlichem Lamellenkühler

◀◀
Die Albatros C1 mit der Kennung 197/15 in der DLS

◀
Rumpfvorderteil mit Flugzeugführer- und Beobachtersitz in Krakau

Albatros Höhenversuchsflugzeug H1 1926

Dieses Flugzeug wurde 1926 von den Albatros-Flugzeugwerken in Berlin-Johannisthal für die Deutsche Versuchsanstalt für Luftfahrt (DVL) gebaut. Die Anregung hierfür gab Dr. Ing. Martin Schrenk, Leiter der Höhenflugstelle der DVL. Das Höhenversuchsflugzeug basiert auf dem Typ D IV der Siemens-Schuckert-Werke (SSW). Die SSW D IV aus dem Jahre 1918 galt als eines der besten deutschen Jagdflugzeuge ihrer Zeit. Sie war eine Weiterentwicklung der SSW D III, die 1917 unter der Leitung von Ing. Harald Wolf entstanden war. Die Flugzeuge der Baureihe D III mußten im Mai 1918 wegen dauernder Motorschäden aus dem Fronteinsatz zurückgezogen werden. Dies war zum einen auf das schlechte Rizinus-Ersatzöl und zum anderen auf eine unzureichende Kühlung des von Siemens & Halske stammenden Motors zurückzuführen.

Aufgrund dieser Mängel entstand durch umfangreiche Verbesserungen die SSW D IV. Zu den Änderungen zählten eine unten ausgeschnittene Motorhaube, eine sogenannte Frackhaube, ver-

besserte Kolben für den 160 PS starken Motor sowie von Ing. Heinrich Kann verbesserte Tragflächen, wodurch die Höchstgeschwindigkeit auf 190 km/h anstieg. Von den 280 gebauten D IV kamen nur noch 70 vor Ende des Krieges zur Auslieferung an die Front. Im Jahr 1918 versuchte Leutnant Lenz aus der Jagdstaffel 22 einen neuen Höhenweltrekord aufzustellen; er erreichte eine Höhe von über 7000 m.

1926 ließ man eine D IV dann zum Höhenversuchsflugzeug umbauen. Die Spannweite wurde unter Verwendung von zwei N-Stielen vergrößert, das Höhen- und das Seitenleitwerk wurden geändert. Die 3,68 m lange Luftschraube war eine Sonderanfertigung der Firma Heine. Bei Rollversuchen zeigte sich jedoch, daß das Flugzeug mit der neuen Werknummer 10114 ‚weiche' Tragflächen besaß; deshalb kam die Maschine nie zum Einsatz. Einige Jahre später gelangte das Höhenversuchsflugzeug in die Deutsche Luftfahrt Sammlung.

Vorderansicht der Albatros H1 auf dem Flugplatz Johannisthal

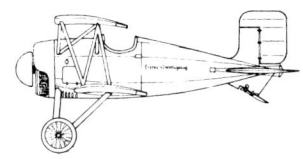

Motor:
Siemens & Halske
Sh III, 11-Zylinder-
Gegenumlaufmotor,
118 kW (160 PS)
Spannweite: 12,56 m
Länge: 5,70 m
Höhe: 3,20 m
Flügelfläche: 14,4 m²

◄
Seitenansicht der H1

◄◄
Werknummer und
Aufschrift links hinten
am Rumpf der H1 in
Krakau

▼
Das Instrumentenbrett
der H1 heute

Im Krakauer Museum für Luft- und Raumfahrt befinden sich heute der stark beschädigte Rumpf mit
Seiten- und Höhenleitwerk, der Motor mit Luftschraube, das Fahrgestell ohne Räder und Reifen;
es fehlen die Flügel und die Streben.

67

Albatros L 30 1919

Die Albatros L 30 ist ein zweisitziger, einmotoriger Doppeldecker. Dieses zu Schulungs- und Aufklärungszwecken benutzte Flugzeug ist eine Konstruktion in Gemischtbauweise, bei der jedoch Holz als Baustoff überwog. Die L 30 basiert auf einem Entwurf Ernst Heinkels aus dem Jahre 1913. Heinkel war zu dieser Zeit bei den Albatros Werken in Johannisthal als Konstrukteur beschäftigt. Dort entstanden zunächst die zwei- bzw. dreistieligen Doppeldecker D bzw. DD. Die Leistungsfähigkeit dieser Maschinen wurde durch eine Reihe von Rekorden unter Beweis gestellt: Werner Landmann errang am 27./28. Juni 1914 einen Weltrekord im Dauerflug über 21 Stunden und 49 Minuten und stellte gleichzeitig einen neuen Streckenrekord mit 1900 km auf. Bereits zwei Wochen später wurde dieser Rekord durch Reinhold Böhm auf 24 Stunden und 12 Minuten verbessert. Eine Leistung, die erst durch den Atlantik-

flug von Charles Lindbergh 1927 übertroffen wurde.

Die Militärversionen dieser Flugzeuge trugen die Bezeichnungen B I bzw. B II. Nach dem Ende des Ersten Weltkrieges wurden diese Maschinen ohne Bewaffnung als Sport-, Schul- und Verkehrsflugzeuge weiterproduziert. Die B I hieß nun L 1, und die aus der B II während des Krieges entwickelte B II a wurde L 30 genannt. In den Jahren 1914–1918 entstanden über 3000 Maschinen des Types B II. Außer bei Albatros in Johannisthal wurde er auch bei OAW, BFW, LFG-Roland, Merkur und Refla gefertigt. Die Version B II a wurde ab 1917 bei LFG-Roland in einer Serie von 600 Stück gebaut. Kleinere Stückzahlen dieser Maschinen entstanden auch bei Linke-Hofmann in Breslau und bei Kondor in Essen.

Nach Beendigung des Krieges wurden 1919 in den Johannisthaler Albatros Werken 20 Ex-

Ein Flugzeug des Types Albatros B II

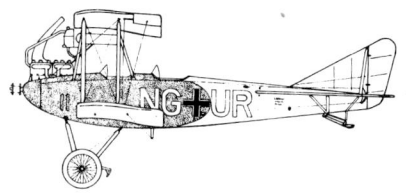

emplare der L30 hergestellt, die in der zivilen Luftfahrt Verwendung fanden. Die Fabriknummern dieser Serie lagen zwischen 10 003 und 10 035. Die aus Heinkels Entwurf weiterentwickelten Flugzeuge, die ihren Entwicklungsabschluß in der L30 fanden, können als die besten deutschen Schulflugzeuge der damaligen Zeit angesehen werden.

Die in Krakau vorhandene Albatros L30 gehört zu der von Albatros in Johannisthal produzierten letzten Serie von 20 Maschinen. Sie hat die Werk-Nummer 10019. Diese L30 mit der Ken-

nung D-690 gehörte verschiedenen Haltern, bevor sie in die Deutsche Luftfahrt Sammlung übernommen wurde. Zunächst verblieb die Maschine im Besitz der Albatros Werke. Im Juli 1929 kam sie zur Flughof GmbH Berlin, von wo aus sie im September desselben Jahres an den Ostmärkischen Flugbetrieb Frankfurt/Oder verkauft wurde. Weitere Besitzer waren F. Schindler in Freiburg, V. Haefner in Mannheim und M. Wundrack in Halle. Im Jahre 1934 wurde die Maschine vom Deutschen Luftfahrtverband in Berlin erworben. Später kam sie als Schulflugzeug zur 23. Standarte des Nationalsozialistischen Fliegerkorps, wo sie bis 1940 mit der Zulassung NG+UR geflogen wurde. Danach befand sie sich im Depot der Deutschen Luftfahrt Sammlung.

Das Flugzeug im Museum für Luft- und Raumfahrt ist in einem guten technischen Zustand. Es fehlen nur das Fahrgestell und die Luftschraube. Die Maschine ist dunkelgrau lackiert.

Motor: Mercedes D III, 6-Zylinder Reihenmotor, 118 kW (160 PS)
Spannweite: 12,96 m
Länge: 7,63 m
Höhe: 3,15 m
Flügelfläche: 40,12 m^2
Leergewicht: 775 kg
Fluggewicht: 1050 kg
Höchstgeschwindigkeit: 172 km/h
Gipfelhöhe: 3000 m
Flugdauer: 4 h

◄◄
Links im Bild vor einer Albatros B II der Nestor des Deutschen Luftfahrtjournalismus Arthur Schreiber
◄
Rumpfvorderteil mit Motor und Kühler in Krakau
▼
Blick in den Führerraum der Albatros L30 in Krakau

Albatros L 101 1933

Das zweisitzige Sport- und Schulflugzeug der Albatros-Flugzeugwerke Johannisthal aus dem Jahre 1930 ist ein abgestrebter Hochdecker in Gemischtbauweise, ausgerüstet mit einem Argus As 8 Motor. Der Prototyp der L 101 mit der Zulassung D-1895 nahm am Europarundflug 1930 teil. Pilot war Wolfgang Stein, Fluglehrer bei der Deutschen Verkehrsfliegerschule (D. V. S.). Die Maschine mit der Startnummer B 5 schied am 6. Wettbewerbstag in Sevilla aufgrund einer beschädigten Luftschraube aus.

Nach der Übernahme der Albatros Werke durch die Focke-Wulf Flugzeugbau GmbH im Jahre 1932 wurde die L 101 unter neuer Regie im Berliner Werk von Focke-Wulf weitergebaut, um die immer noch bestehende Nachfrage zu decken. Vom Beschaffungsamt waren 83 Maschinen in Auftrag gegeben worden; die meisten der produzierten L 101 gingen an die D. V. S., die auf diesen Maschinen den Pilotennachwuchs ausbildete.

Die Albatros L 101 aus der Deutschen Luftfahrt Sammlung hat die Werknummer 245 und trägt das Zulassungskennzeichen D-EKYQ. Von diesem bereits bei Focke-Wulf gebauten Flugzeug befinden sich in Krakau das Rumpfgerüst mit Baldachin und dem Mittelteil des Flügels sowie das Höhen- und das Seitenleitwerk. Auch der Motor und die Luftschraube sind noch vorhanden.

Die Albatros L 101 der DVL

70

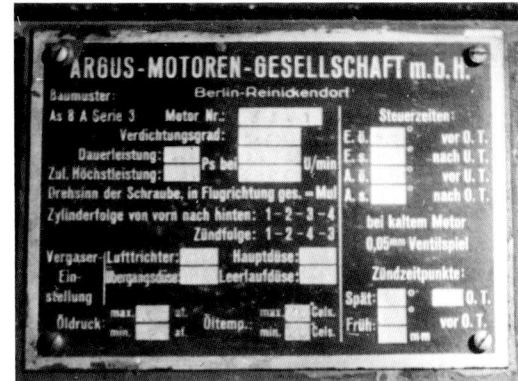

Motor: Argus As 8a-3, 4-Zylinder Reihenmotor, 89 kW (120 PS)
Spannweite: 12,35 m
Länge: 8,45 m
Höhe: 2,70 m
Flügelfläche: 20 m²
Leergewicht: 520 kg
Fluggewicht: 830 kg
Höchstgeschwindigkeit: 170 km/h
Gipfelhöhe: 4200 m
Reichweite: 660 km

▲ ▲
Das Typenschild des Motors As8a der Albatros L101 in Krakau

◄
Motor und Motorträger

◄
Die Albatros L101 mit der Kennung D-3130

Aviatik C III 1917

Der Aufklärer Aviatik C III ist ein zweisitziger, einmotoriger Doppeldecker in Holzkonstruktion. Die C III stellt eine Weiterentwicklung der Aviatik-Typen C I und C II dar. Die Grundkonzeption dieser Maschinen ist weitgehend identisch. Die C III verfügte im Gegensatz zu ihren Vorgängertypen über ein aerodynamisch besser gestaltetes Rumpfvorderteil, wozu auch ein Spinner für die Luftschraube gehörte. Zudem bestand die Möglichkeit, die C III mit einer Funkentelegraphie-Station auszurüsten. Entwickelt wurde die C III 1916 bei den Aviatik-Flugzeugwerken in Leipzig-Heiterblick. Diese 1910 von Julius Spengler gegründete Firma war bis zu Beginn des Ersten Weltkrieges in Mühlhausen im Elsaß ansässig. Bei Ausbruch des Krieges 1914 wurde der Betrieb aufgrund der Nähe zur französischen Grenze nach Freiburg i. Br. verlegt; 1916 entstand das Werk Leipzig-Heiterblick.

Die Aviatik C I und die C III wurden nur in kleinen Stückzahlen produziert. Der Typ C I entstand ab 1915 in 151 Exemplaren im Hauptwerk; die Hannoversche Waggonfabrik AG (Hawa) Abteilung Flugzeugbau in Hannover-Linden fertigte

424 dieser Maschinen in Lizenz. Die verbesserte Version C III entstand in nur 80 Exemplaren, die 1916/17 gebaut wurden. Der Grund für diese geringe Stückzahl war die Umstellung der Produktion in den Aviatik-Werken, wo wegen besserer Fronttauglichkeit der Bau der C III zugunsten der Lizenzfertigung der DFW C V eingestellt wurde. Von diesem bei den Deutschen Flugzeug-Werken in Leipzig-Lindenthal entwickelten Aufklärer baute Aviatik 1000 Stück.

Das in Krakau befindliche Exemplar mit der Nummer C 12250/17 ist das erste Exemplar der Serie C 12250/17–C 12299/17. Dieses 1917 gebaute Flugzeug ist das einzige erhaltene Exemplar einer C III. Im Krakauer Museum sind vorhanden: Rumpf mit Bespannung, Motor mit Luftschraube, Seitenruder sowie Fahrgestell mit Rädern, jedoch ohne Bereifung. An der Bespannung ist zu erkennen, daß die Maschine in einem hellgelben Farbton gehalten war.

Eine Aviatik C III in Johannisthal

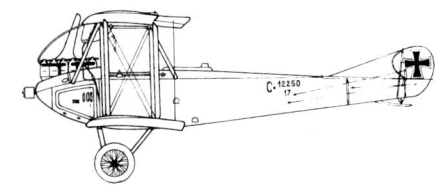

Motor: Mercedes D III, 6-Zylinder Reihenmotor, 118 kW (160 PS)
Spannweite: 11,80 m
Länge: 8,08 m
Höhe: 2,95 m
Flügelfläche: 35,0 m²
Leergewicht: 980 kg
Fluggewicht: 1340 kg
Höchstgeschwindigkeit: 160 km/h
Gipfelhöhe: 4500 m
Flugdauer: 3 h
Bewaffnung: 1–2 drehbare Parabellum-MG, Kaliber 7,92 mm

▲▲
Seitenansicht einer Aviatik C III

▲
Das Typenschild der Aviatik C III in Krakau

◀◀
Rumpfvorderteil mit Motor und Resten der DLS Beschriftung

◀
Der unbespannte Rumpf der Aviatik in Krakau

73

Curtiss Export Hawk 1933

Das einsitzige, einmotorige Jagdflugzeug Curtiss Hawk aus dem Jahre 1933 ist ein Doppeldecker in Gemischtbauweise. Gebaut wurde die Hawk (Habicht) von der Curtiss Aeroplane and Motor Company Inc. in Buffalo im amerikanischen Bundesstaat New York. Gründer dieser Firma war der amerikanische Flugpionier Glenn Curtiss, Inhaber des Pilotenscheins Nr. 2 des Aeroclubs von Frankreich. Das von ihm aufgebaute Unternehmen wurde im Jahre 1929 mit der Wright Aeronautical Corp. zusammengeschlossen. Die Curtiss Export Hawk wurde von der für die US-Marine entwickelten Goshawk, welche für den Einsatz auf Flugzeugträgern vorgesehen war, abgeleitet.

Neben der Modifizierung der Ausrüstung des Flugzeuges wurde der Fanghaken, der zur Landung auf Flugzeugträgern notwendig ist, weggelassen. Insgesamt wurden von der Curtiss Hawk 117 Stück nach neun Ländern exportiert – hauptsächlich nach Südamerika.

Zwei Exemplare der zivilen Ausführung wurden im Oktober 1933 nach Deutschland verkauft. Es handelte sich um die Maschinen mit den Werknummern H80 und H81, die im August 1933 gebaut worden waren. Als Käufer trat Ernst Udet auf. Das Geld für die Maschinen kam jedoch von der Reichsregierung, welche die erforderlichen 11 500 Dollar pro Flugzeug zur Verfügung gestellt

Ernst Udet vor seinem Segelflugzeug, dahinter die Curtiss Export Hawk D-IRIK im Jahre 1935

74

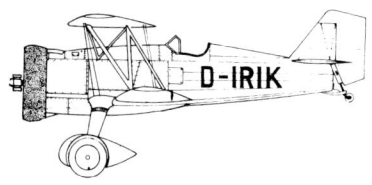

D-IRIK

hatte. Udet, der ein neues leistungsfähiges Flugzeug für seine Schauflüge suchte, hatte bereits 1931 anläßlich seiner Teilnahme an den National Air Races in Cleveland/Ohio einen Vorgänger der Hawk kennengelernt. Mit der Machtübernahme der Nationalsozialisten war vorhersehbar, daß Deutschland wieder eine Fliegertruppe erhalten würde. Für diese neue Luftwaffe wurden auch die ehemaligen Fliegeroffiziere benötigt. Aufgrund seiner großen Popularität legte man auf Udets Mitarbeit besonderen Wert. Dies war der Grund, weshalb die Regierung die Maschinen bezahlte. Udet äußerte sich hierzu: *„Göring wirbt Leute an. Mir hat er das Geld für zwei Curtiss Hawks versprochen".* Die sturzflugfähigen Curtiss Hawk wurden nach ihrer Ankunft in Deutschland einer ausführlichen Erprobung unterzogen. Die hieraus gewonnenen Erkenntnisse gaben den Anstoß zur Entwicklung von Sturzkampfflugzeugen in Deutschland. Fieseler und Henschel erhielten die ersten Aufträge, aus denen die Sturzkampfflugzeuge Fi 89 und Hs 123 entstanden. Beim Training für seine Schauflüge stürzte Udet mit D-IRIS (Werknummer H 80) am 20. Juli 1934 in Berlin-Tempelhof ab, konnte sich jedoch mit dem Fallschirm retten.

Das zweite Curtiss Exemplar, das anfangs die Registrierung D-3165 hatte, danach kurz die Registrierung D-ISIS und ab 1935 das Zulassungskennzeichen D-IRIK (Werknummer H 81) trug, war die persönliche Maschine von Ernst Udet. Mit die-

sem Flugzeug beteiligte er sich an Flugveranstaltungen im In- und Ausland. Nach seinem Tod 1941 kam das Flugzeug in das Depot der Deutschen Luftfahrt Sammlung.

Im polnischen Museum für Luft- und Raumfahrt befindet sich D-IRIK. Die noch vorhandenen Teile sind in einem guten technischen Zustand. Erhalten ist der Rumpf ohne Stoffbespannung mit Fahrwerk und Seitenleitwerk. Auf dem metallverkleideten Rumpfvorderteil sind die fünf olympischen Ringe auflackiert. Es fehlen die Tragflächen, das Höhenleitwerk sowie Räder und Bereifung des Fahrwerkes.

Motor: Wright Cyclone R 1820 F 3, 9-Zylinder Sternmotor, 525 kW (710 PS)
Spannweite: 9,60 m
Länge: 7,62 m
Höhe: 2,95 m
Flügelfläche: 24,4 m^2
Leergewicht: 1305 kg
Fluggewicht: 1745 kg
Höchstgeschwindigkeit: 337 km/h
Gipfelhöhe: 7300 m
Reichweite: 920 km

▲
Das Typenschild der D-IRIK

◄◄
Rumpfvorderteil mit Motor in Krakau

▼
Die olympischen Ringe als Rumpfbemalung

DFW C V 1917

Die DFW C V ist ein zweisitziger, einmotoriger Doppeldecker in Gemischtbauweise. Zum Einsatz kam die Maschine vor allem als Aufklärer und Verbindungsflugzeug. Ausgerüstet war sie je nach Verwendungszweck mit einer Funkentelegraphie-Station und / oder einer Luftbildkamera. Die DFW C V wurde von den Deutschen Flugzeug-Werken (DFW) in Leipzig-Lindenthal entworfen. Gegründet wurden die DFW im März 1911 von Kommerzienrat Meyer und Ingenieur Erich Thiele, zunächst unter dem Namen Sächsische Flugzeugwerke. Die Umbenennung in Deutsche Flugzeug-Werke erfolgte noch im November desselben Jahres. Die C V, eine Weiterentwicklung der C IV, wurde aufgrund ihrer guten Flugeigenschaften ab 1916 in großen Stückzahlen hergestellt. Insgesamt wurden ca. 3000 Maschinen produziert, davon rund 2000 Stück im Werk der DFW. Die übrigen Flugzeuge entstanden in Lizenz bei den Firmen Aviatik, Halberstadt und der Luft-Verkehrs-Gesellschaft. Die von Aviatik gebauten Flugzeuge dieses Types wurden als Aviatik C VI bezeichnet.

Nach dem Ende des Ersten Weltkrieges ging das gesamte Kriegsmaterial in die Verwaltung des Reichsschatzministeriums über. Aus diesen Beständen konnten ehemalige Militärflugzeuge von Interessenten – wie z. B. den neu entstandenen Luftverkehrsgesellschaften – gekauft werden. In der ab März 1919 gültigen Luftfahrzeugrolle A sind, soweit rekonstruierbar, vier DFW Maschinen registriert: D-187, D-243, D-244, D-245. Als deren Halter nennt die Luftfahrzeugrolle die DFW. Im August 1919 war die D-187 auf der ,Eersten Luchtverkeer Tentoonstelling Amsterdam' (ELTA) zu sehen. Diese auch als DFW P 1 bezeichnete Maschine war eine umgebaute C VII, eine Weiterentwicklung der C V. Ingenieur Locher

Eine DFW C V im Ersten Weltkrieg

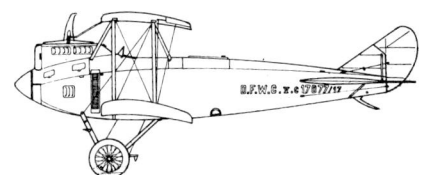

konzipierte eine Kabine für zwei Passagiere, die sich hinter dem offenen Flugzeugführersitz befand. Schon im Mai 1920 wurde die Luftfahrzeugrolle A durch die Luftfahrzeugrolle B ersetzt. Als Folge des Versailler Vertrages durften zunächst nur noch 145 Maschinen für zivile Zwecke gehalten werden. Darüber hinaus bedurfte jede Zulassung alliierter Zustimmung. Auch in der Luftfahrzeugrolle B findet sich das ehemalige Militärflugzeug DFW C V wieder, so z. B. die D-87, deren Halter der Bayrische Luft Lloyd war.

Die bei Aviatik gebaute DFW C V mit der Bauauftragsnummer C 17077/17 (Werknummer 473) befindet sich heute in Krakau. Die Maschine ist stark beschädigt und nur unvollständig erhalten. Es existieren noch das Rumpfgerüst mit Teilen der Sperrholzbeplankung, der Motor, die Wotanluftschraube, das Fahrgestell ohne Räder und das komplette Seiten- und das Höhenruder – ein Stahlrohrgerüst, bei dem jedoch die Stoffbespannung fehlt. Nicht vorhanden sind die Tragflächen. Der ganze Rumpf ist in einem dunkelgrauen, fast schwarzen Farbton gehalten. Diese DFW C V ist die letzte auf der Welt erhaltene Maschine ihres Types.

Motor: Benz Bz IV, 6-Zylinder Reihenmotor, 148 kW (200 PS)
Spannweite: 13,27 m
Länge: 7,87 m
Höhe: 3,25 m
Flügelfläche: 42,50 m²
Leergewicht: 970 kg
Fluggewicht: 1430 kg
Höchstgeschwindigkeit: 155 km/h
Gipfelhöhe: 5000 m
Flugdauer: 3,5 h
Bewaffnung: 1 festes Spandau-MG 08/15, Kaliber 7,92 mm und 1 drehbares Parabellum MG, Kaliber 7,92 mm

Rumpf der DFW CV in Krakau; darauf liegt das Gerüst des Seitenleitwerkes

Die DFW CV 17077/17 in der Deutschen Luftfahrt Sammlung

77

Fokker Spinne 3 1913

Dieses von dem niederländischen Konstrukteur Anthony Herman Gerard Fokker gebaute Flugzeug ist ein einmotoriger, zweisitziger Eindecker. Anthony Fokker wurde 1890 auf der damals niederländischen Insel Java als Sohn eines Kaffeeplantagenbesitzers geboren. Vier Jahre später kehrte die Familie nach Holland zurück und ließ sich in Haarlem nieder. Sein erstes Flugzeug baute Fokker im Jahre 1910. Sein Kompagnon war Leutnant von Daum, den er in einer Fahrschule in Zahlbach bei Mainz kennengelernt hatte, wo beide an einem Lehrgang für Flugzeugbau teilnahmen. Der Ingenieur Bruno Büchner war Leiter dieses Kurses. Erst später stellte sich heraus, daß Büchner, der am 3. Februar 1911 sein Flugzeugführerzeugnis Nr. 53 erhielt, zu diesem Zeitpunkt kaum mehr wußte als seine Schüler. Gemeinsam mit diesen entstand ein Flugzeug, welches Büchner bereits beim ersten Probeflug zerstörte.

Daum, als Partner Fokkers, finanzierte für dessen erste Maschine den Motor, Anthony Fokker brachte sein Fachwissen sowie 1500 Mark ein. Gebaut wurde das Flugzeug in der Zeppelin-Halle in Baden-Baden. Ende des Jahres 1910 war die Maschine fertig. Aufgrund der zahlreichen Verspannungsdrähte erhielt sie den Namen Spinne, denn der Pilot fühlte sich wie eine Spinne in ihrem Netz.

Die Spinne 2 baute Fokker zusammen mit dem Schiffsbauer Jacob Goedecker in Nieder-Walluf am Rhein. Auf dieser Maschine brachte sich Fokker das Fliegen selbst bei. Am 16. Mai 1911 gelang es ihm Kurven und Kreise über dem Flugfeld des Exerzierplatzes Großer Sand in Gossenheim bei Mainz zu fliegen. Hier erhielt er auch am 7. Juni 1911 das Flugzeugführerzeugnis Nr. 88. Kurz danach wurde diese Maschine, wie auch schon zuvor die Spinne 1, von Leutnant von Daum bei seinen Flugversuchen zerstört; daraufhin trennten sich Fokker und Daum.

Mit dem ihm verbliebenen Argus Motor konzipierte Fokker die Spinne 3. Diese wurde auf

Ernst Ditzuleit 1913 auf einer Fokker Spinne

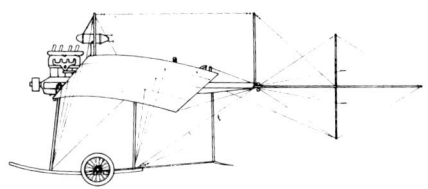

dem Flugfeld Großer Sand gebaut, wo die Firma Goedecker mittlerweile zwei der drei Schuppen besaß. Goedecker übernahm die Ausführung gemäß Fokkers Konstruktion. So entstand der Prototyp der Spinne 3. Sie war ein zweisitziger Mitteldecker mit starker V-Stellung der Tragflächen, deren Sitze zunächst unverkleidet waren. Mit dieser Spinne machte Anthony Fokker am 31. August 1911 die ersten Schauflüge in Haarlem, seiner Heimatstadt. Mit Hilfe der Demonstrationsflüge gelang es ihm, nachdem er fast ein Jahr bei Goedecker als Fluglehrer und Einflieger gearbeitet hatte, eine eigene Firma in Johannisthal zu gründen. Im Frühjahr 1912 entstand die Fokker Aeroplanbau GmbH, die sich in den Schuppen 6 und 7 des neuen Startplatzes befand. Die Firma wurde am 22. Februar in das Handelsregister eingetragen mit einem Stammkapital von 20 000 Mark. Zunächst erfolgte hier nur die Endmontage von ca. 15 Exemplaren der Spinne 3 aus Teilen, die Goedecker herstellte. Die Spinne 3 sowie deren Folgetypen waren mit unterschiedlichen Motoren ausgerüstet, so mit 50–70 PS Argus Motoren, einem 70 PS Renault Motor, einem 95 PS Daimler Motor oder einem 100 PS Argus Motor.

1913 baute Fokker zwei Exemplare der Spinne 3, auch M 1 bezeichnet, für das deutsche Heer. Motor und die beiden Sitze waren mit Aluminium verkleidet. Diese Flugzeuge hatten die Bauauftragsnummern A 33/13 (100 PS Argus Motor) und A 38/13 (95 PS Mercedes Motor). Ende 1913 ver-

legte Fokker seine Produktionsstätten nach Görries bei Schwerin in Mecklenburg. Die Fokker Spinnen wurden aufgrund ihrer guten Flugeigenschaften und ihrer Robustheit gern geflogen. So flog z.B. Bernard de Waal mit Franz Kunert als Passagier von Johannisthal nach Amsterdam. Mit der russischen Fliegerin Ljuba Galanschikoff gelangen Fokker bemerkenswerte Höhenflüge.

Die sich im Krakauer Luft- und Raumfahrtmuseum befindende Maschine ist das einzige Exemplar einer im Original erhaltenen Spinne. Dieses Flugzeug ist 1925 in Holland aus Teilen verschiedener Spinnen entstanden. Grundlage war eine Spinne aus dem Jahre 1913, die Fokker nach dem Ende des Ersten Weltkrieges zusammen mit anderen Teilen in einer Nacht- und Nebelaktion nach Holland brachte. Diese so komplettierte Maschine erhielt die Werknummer 4464 und wurde im Verwaltungsgebäude der Firma Fokker in Amsterdam ausgestellt. Anläßlich des 25jährigen Fliegerjubiläums Fokkers war die Maschine im Hotel Carlton in Amsterdam zu sehen. Nach der Besetzung Hollands im Zweiten Weltkrieg wurde diese Spinne nach Berlin gebracht. Von dort wurde sie zusammen mit den Flugzeugen der DLS nach Czarnikau (Czarnkow) gebracht. Das in Krakau vorhandene Exemplar ist stark beschädigt, aber außer der Luftschraube komplett erhalten.

Motor: Renault V 8, 8-Zylinder V Motor, 52 kW (70 PS)
Spannweite: 11,00 m
Länge: 7,90 m
Höhe: 2,95 m
Flügelfläche: 22,0 m²
Leergewicht: 400 kg
Höchstgeschwindigkeit: 90 km/h

◄◄
Eine Fokker Spinne in Schwerin

▼
Die Fokker Spinne, Werknummer 4464, auf einer Ausstellung in Holland

Friedrich-Taube 1932

Die zweisitzige, einmotorige Friedrich-Taube von 1932 ist eine Version der Taubenbauart, deren Urtyp 1909 von dem österreichischen Konstrukteur Igo Etrich entwickelt wurde. Durch Berücksichtigung der Samenform der Zanoniapflanze beim Entwurf der Tragflächen und eine dadurch erzielte hohe Flugstabilität, wurde dieses Baumuster zum erfolgreichsten Flugzeugtyp des deutschsprachigen Raumes in den Anfangsjahren der Fliegerei. Der ursprüngliche Lizenznehmer für die Etrich-Taube in Deutschland war die Firma Rumpler in Johannisthal. Durch einen Vertragsbruch von Seiten Rumplers, entschloß sich Etrich die Patentanmeldung zurückzuziehen. Dies hatte zur Folge, daß bis 1914 weitere 54 Konstrukteure Flugzeuge nach dem Grundmuster der Etrich-Taube bauten. So entstanden über 500 Maschi-

nen mit der bei der Taube gebräuchlichen Flügelform.

Alfred Friedrich, der Erbauer des heute in Krakau befindlichen Taubentypes, war einer der bekanntesten deutschen Flugzeugführer seiner Zeit. Er erlangte im Januar 1912 die Flugzeugführererlaubnis des Deutschen Luftfahrer-Verbandes mit der Nummer 149, nachdem er seine Ausbildung bei der Flugmaschine Wright GmbH in Johannisthal absolviert hatte. Anschließend arbeitete Friedrich bei der Allgemeinen Flug-Gesellschaft mbH (A. F. G.), einer Fliegerschule. Zum ersten Mal machte Alfred Friedrich am 5. Dezember 1912 auf sich aufmerksam, als es ihm gelang, den deutschen Dauerflugrekord auf 5 Stunden und 10 Minuten zu erhöhen. Am 8. August 1913 flog Friedrich von Berlin nach In-

Alfred Friedrich mit einer Etrich-Taube vor dem Ersten Weltkrieg

Flugplatz Johannisthal.

Etrich

Alfred Friedrich.

80

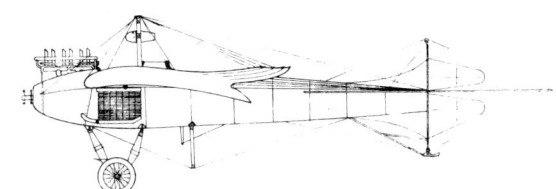

sterburg in Ostpreußen. Er überbrückte die 615 km lange Strecke mit nur zwei Zwischenlandungen in Schneidemühl und Königsberg und erreichte sein Ziel bei völliger Dunkelheit. Am 5. September 1913 – Friedrich war zu diesem Zeitpunkt Chefpilot der Sportflieger GmbH – flog er mit einer Etrich-Taube von Johannisthal nach Paris. Als Passagier an Bord war Dr. Elias, ein damals bekannter Ballonfahrer. Mit Igo Etrich, dem Taubenkonstrukteur, flog Friedrich am 13. September 1913 weiter nach London. Am 20. September landete Friedrich nach erfolgreichem Abschluß seines Fünfländerfluges wieder in Johannisthal. Damit hatte er zwei deutsche Erstleistungen vollbracht, den Flug Berlin-Paris sowie den Flug über den Ärmelkanal nach London. Neben diesen für die damalige Zeit spektakulären Leistungen beteiligte sich Friedrich auch an einer Vielzahl von Flugveranstaltungen, so z.B. am Prinz-Heinrich-Flug 1914.

Zwischen den Weltkriegen unterhielt Alfred Friedrich eine kleine Flugzeugfabrik in Straußberg östlich von Berlin. Dort wurde eine Reihe von Nachbauten verschiedener Flugzeugtypen gefertigt. Für die Fliegerfilme ‚D III 88' und ‚Pour le mérite' baute er je zwei Fokker Dr I und Fokker D VII nach. 1932 entstand die Friedrich-Taube, welche – mit Ausnahme des Fahrwerkes – baugleich der Etrich-Taube des Jahres 1913 war. Mit diesem Flugzeug nahm Alfred Friedrich bis 1936 an einer Reihe von Flugveranstaltungen teil. Die Maschine war unter der Zulassung D-EFRI registriert.

Motor: Mercedes 6-Zylinder Reihenmotor, 82 kW (111PS)
Spannweite: 14,22 m
Länge: 9,85 m
Höhe: 3,15 m
Flügelfläche: 34,8 m²
Leergewicht: 420 kg
Fluggewicht: 700 kg
Höchstgeschwindigkeit: 96 km/h

◄

Das unbespannte Rumpfgerüst der D-EFRI in Krakau

▼

Die Friedrich-Taube D-EFRI bei einer Flugveranstaltung in den dreißiger Jahren

In Krakau befinden sich fast alle Teile der Friedrich-Taube. Es fehlt nur die Stoffbespannung des Rumpfes, ein Teil des Höhenleitwerkes, die Luftschraube sowie die Bereifung. Die Tragflächen tragen noch die D-EFRI Kennung, sind aber leicht beschädigt.

81

Geest Möwe 4 1913

Die Geest Möwe 4
auf dem Flugplatz
Johannisthal

Die zweisitzige, einmotorige Geest Möwe gehört zu den ersten Motorflugzeugkonstruktionen in Deutschland. Angeregt durch die Beobachtung des Vogelfluges in den Vogesen im Jahre 1896, baute Dr. Waldemar Geest zunächst einige Modelle mit Spannweiten zwischen 30 cm und 4 m. Als Material dienten Stoff und Bambusrohr. Den Anstoß zu den weiteren Geest-Konstruktionen gab eine Beobachtung aus dem Jahre 1906. Geest sah, wie zur Brutzeit eine Lachmöwe mit ausgegangenen Schwanzfedern flog. Er berichtet: *‚Ich hatte früher gedacht, daß der Schwanz der Vögel ein Mittel gegen das Vornüberkippen sei und war sehr erstaunt, daß diese Möwe auf weiten Strecken richtig und sicher schwebte.'* Daraufhin entstanden die ersten Nurflügelmodelle. Noch im gleichen Jahr meldete Geest diese Flügelform unter der Nummer 240 286 und dem Zusatz 240 976 in Deutschland zum Patent an. Ferner erhielt er die Patentrechte auch für England, Frankreich, Italien und die Vereinigten Staaten von Amerika. Der Patentanspruch erstreckte sich auf einen eigenstabilen Flügel mit S-förmiger Vorderkante und leicht negativem Anstellwinkel im äußeren Tragflächenteil. 1906 entstand dann der erste Hanggleiter in Möwenform, der im Schwarzwald erprobt wurde. 1910 folgte ein Segelflugzeug in Form einer Weihe, dessen Erprobung auf dem Gohlenberg bei Rhinow im Westhavelland durchgeführt wurde.

Noch im selben Jahr baute Geest in Rathenow sein erstes Motorflugzeug, die mit einem 50 PS Argus Motor ausgerüstete Möwe 1. Ein Jahr später entstand bei LVG in Johannisthal die Möwe 2. Diese hatte einen 70 PS starken französischen Gnôme-Motor. Mit diesem Typ wurden Flüge von bis zu 20 Minuten durch den LVG-Werkspiloten Alois Stiploscheck ausgeführt. Das Folgemodell aus dem Jahre 1912, die Möwe 3, hatte einen 70 PS Argus-Motor und war bereits als Zweisitzer konzipiert.

Flugplatz Johannisthal.

„Dr Geest-Möwe."

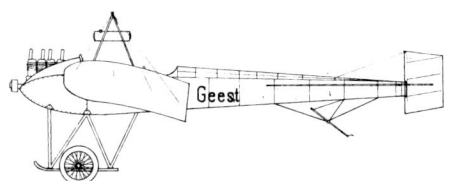

An der Johannisthaler Maiflugwoche 1913 beteiligte sich der von Dr. Geest engagierte Schweizer Pilot Albert Colombo auf der Möwe 4 mit 100 PS Argus Motor. Am Eröffnungstag bei stürmischem Wetter starteten nur Bruno Hanuschke sowie Albert Colombo mit seinem Begleiter Mundt. Damit wurden erneut die guten Flugeigenschaften der Möwe selbst bei schlechten Witterungsbedingungen unter Beweis gestellt. Im gleichen Jahr eröffnete Dr. Geest, ermutigt durch den Erfolg bei der Flugwoche, eine kleine Fliegerschule in Johannisthal. Zum Einsatz kamen Möwe 4 und 5; Fluglehrer war Paul Heirler. Durch eine Zuwendung aus der Nationalflugspende in Höhe von 35 000 Mark wurde Dr. Geest in die Lage versetzt, eine weitere Möwe zu bauen. So entstand unter Aufsicht der DVL Adlershof der Typ 6 mit einem 100 PS – 6-Zylinder Mercedes Motor, welcher von der Versuchsanstalt zur Verfügung gestellt wurde. Die ersten Flüge erfolgten kurz vor Ausbruch des Ersten Weltkrieges durch

die Flieger Herbert Kühne und Karl Krieger. Durch die Einberufung Geests zum Kriegsdienst kamen seine Aktivitäten zum Erliegen. Nur noch während eines Urlaubes 1916/17 enstand in Zusammenarbeit mit der Firma Aviatik in Leipzig-Heiterblick ein Doppeldecker, der auch die der Möwe typische Flügelform hatte. Die Maschine war mit einem 100 PS Mercedes Motor ausgerüstet und zeigte sehr gute Flugleistungen.

Die Geest-Möwe 4 in Krakau ist größtenteils erhalten. Es fehlen die Räder sowie das Höhenleitwerk. Die Flügel sind stark beschädigt und teilweise ohne Bespannung ebenso der Rumpf. Der Motor ist im Museum für Technik in Warschau ausgestellt. Die Maschine ist das einzig erhaltene Geest-Flugzeug der Welt.

Motor: Argus 4-Zylinder Reihenmotor, 74 kW (100 PS)
Spannweite: 12,00 m
Länge: 8,40 m
Höhe: 3,18 m
Flügelfläche: 26,45 m^2

◄◄
Das Rumpfgerüst in Krakau, vorne die Steuersäule mit Handrad

▼
Der Argus-Motor der Geest Möwe 4 im Technikmuseum in Warschau

Grigorowitsch M-15 1917

Das russische Flugboot Grigorowitsch M-15 wurde von dem Konstrukteur Dimitri Pawlowitsch Grigorowitsch entworfen. Grigorowitsch war technischer Direktor des Werkes ‚Erste Russische Luftfahrt-Gesellschaft S.S. Schtschetinin Petersburg', in dem auch der Typ M-15 gefertigt wurde. Die M-15 entstammt einer Entwicklungsreihe von Flugbooten, an deren Anfang die M-1 von 1913 steht und die ihren Abschluß in der M-24 des Jahres 1924 fand. Die Versionen M-5 und M-9 gelangten zur Massenproduktion; der Typ M-9 wurde auch an England, Frankreich, Italien und die USA verkauft.

Das Flugboot M-15 ist ein zweisitziges, einmotoriges Flugzeug in Holzkonstruktion. Die Maschine kam bei der zaristischen Seefliegerei als Schul- und Aufklärungsflugzeug im Bereich der Ostsee- und Schwarzmeerflotte zum Einsatz. Auch nach der Oktoberrevolution blieb dieser Typ im Einsatz. Die M-15 war als Nachfolger für den Typ M-9 gedacht und sollte in großer Serie aufgelegt werden. Aufgrund von Beschaffungsproblemen bei dem für die M-15 vorgesehenen Hispano-Suiza V 8 Motor wurden in den Jahren 1916 und 1917 nur 80 Maschinen gebaut.

Die M-15 mit der Werknummer R II C 262

Eine Grigorowitsch M 15

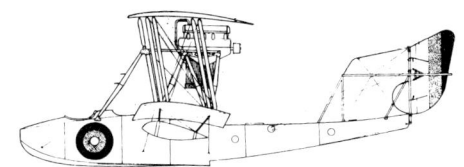

wurde 1918 von deutschen Truppen auf der Ost-
seeinsel Ösel erbeutet. Die technisch interessante
Maschine wurde daraufhin nach Deutschland
überführt und beim Versuchskommando der See-
flugzeuge in Warnemünde ausführlichen Untersuchungen unterzogen.

Das Flugzeug, das sich heute im Krakauer Luft-
und Raumfahrtmuseum befindet, ist vollständig
erhalten, nur die Kielseite des Rumpfes sowie die
Flügel weisen Beschädigungen auf. Die Farbge-
bung der Maschine ist in allen Teilen hellgrau mit
zaristischen Hoheitsabzeichen. Momentan wird
diese Maschine restauriert. Bereits vollständig
wiederhergestellt sind die Tragflächen mit der Bespannung. Der Motor wird zur Zeit überholt. Das
Flugboot Grigorowitsch M-15 ist das einzige noch
existierende Exemplar aller Grigorowitsch-Kon-
struktionen.

Motor: Hispano-Suiza
8-Zylinder V Motor,
103 kW (140 PS)
Spannweite: 11,84 m
Länge: 8,25 m
Höhe: 3,15 m
Flügelfläche:
42,00 m²
Leergewicht: 840 kg
Fluggewicht: 1320 kg
**Höchstgeschwindig-
keit:** 125 km/h
Gipfelhöhe: 3500 m
Flugdauer: 5,5 h

▲
Eine M 15 im Winter-
einsatz mit Ski-Fahr-
gestell

◄◄
Der Rumpf der M 15 in
Krakau, links davon
die Friedrich Taube

◄
Der Motor mit einer
Integral-Luftschraube

85

Halberstadt CL II 1917

Der Konstrukteur Karl Theiß entwarf im Jahre 1916 die Halberstadt CL II. Gebaut wurde dieser zweisitzige, einmotorige Doppeldecker von den Halberstadter Flugzeugwerken, Halberstadt, sowie in Lizenz von den Bayrischen Flugzeugwerken (BFW), München. Insgesamt sind – neben drei Prototypen – 650 Halberstadt CL II in Serie gefertigt worden. Die bei BFW hergestellten Maschinen trugen die Bezeichnung Halb CL IIa (Bay.) und waren mit einem 180 PS Argus III Motor ausgerüstet. Die Halberstadt CL II fand als leichtes Schlachtflugzeug bei Kampf- und Aufklärungseinsätzen Verwendung. Die Maschinen waren sehr wendig und hatten ein gutes Steigvermögen. Diese guten Flugeigenschaften erklären, weshalb diese Flugzeuge bis zum Ende des Ersten Weltkrieges zum Fronteinsatz herangezogen wurden.

Nur wenige Maschinen überdauerten das Ende des Krieges und die Bestimmungen des Versailler Vertrages, der in Artikel 202 der Auslieferung bzw. Vernichtung sämtlicher Militärflugzeuge forderte. Zu den in Deutschland verbliebenen Maschinen zählten: Eine Halberstadt CL II, die im Frühjahr 1920 bei der Polizei-Fliegerstaffel Paderborn eingesetzt war; eine CL II des Aeronautischen Observatoriums Lindenberg mit dem Zulassungskennzeichen D-183 sowie das später in der Deutschen Luftfahrt Sammlung gezeigte Flugzeug.

Ein leichtes Schlachtflugzeug vom Typ Halberstadt CL II

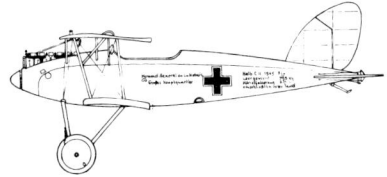

Motor: Daimler DIII, 6-Zylinder Reihenmotor, 118 kW (160 PS)
Spannweite: 10,77 m
Länge: 7,30 m
Höhe: 2,75 m
Flügelfläche: 27,5 m²
Leergewicht: 795 kg
Fluggewicht: 1165 kg
Höchstgeschwindigkeit: 165 km/h
Gipfelhöhe: 5000 m
Flugdauer: 3 h
Bewaffnung: 1 MG

Die heute in Krakau vorhandene Halberstadt hat die Bauauftragsnummer C15459/17 und die Werknummer 1046. Sie entstammt der letzten Serie, die im Jahre 1917 gebaut wurde. Zur Auslieferung kamen Ende dieses Jahres Maschinen der Bauauftragsnummern C15330/17 bis C15529/17. Aufgrund einer Aufschrift auf dem Rumpf ist anzunehmen, daß diese Maschine zum persönlichen Flugzeugpark des Kommandierenden Generals der Luftstreitkräfte Generalleutnant von Hoeppner gehörte. Die Maschine in Krakau ist nicht komplett erhalten. Der Rumpf ist in gutem Zustand. Ferner sind der obere Mittelflügel, die Seitenflosse, der Motor mit Luftschraube sowie das Fahrgestell mit Rädern, jedoch ohne Bereifung, vorhanden.

▲ Eine Halberstadt CLII im ersten Weltkrieg

◄ Rumpfvorderteil mit Motor, Baldachin und DLS-Beschriftung in Krakau

Heinkel He 5 e 1928

Das hochseefähige Seeaufklärungsflugzeug He 5 entstand in verschiedenen Baureihen bei den Heinkel Flugzeugwerken in Warnemünde. Die dreisitzige in Gemischtbauweise hergestellte Maschine war je nach Baumuster mit unterschiedlich starken Motoren ausgerüstet, deren Leistung zwischen 420 und 750 PS variierte. Mit der He 5 a (D-937) errang Wolfgang von Gronau, Direktor der Deutschen Verkehrsfliegerschule in Warnemünde, beim Seeflugwettbewerb 1926 den ersten Preis. Mit derselben Maschine stellte von Gronau auch einen neuen Höhenrekord auf; mit einer Nutzlast von 1000 kg erreichte er eine Höhe von 4492 m. Mit einem schwedischen Nachbau der He 5 erreichte Marinekapitän Tornberg bei einer Nutzlast von 500 kg die Rekordhöhe von 5731 m. Ferner waren zwei Lizenzmaschinen an der schwedischen Hilfsexpedition zur Rettung der Überlebenden des verunglückten italienischen Luftschiffes ‚Italia' beteiligt.

Die in Krakau lagernde Heinkel He 5 e ist das einzige noch existierende Exemplar des Types He 5. Erhalten sind das Stahlrohrrumpfgerüst ohne Bespannung, die beiden Schwimmer, Flügelmittelteil, Seitenflosse, ein Querruder und ein Flügelstück. Es fehlen die beiden Außenflügel, Höhenleitwerk, Seitenruder, Motor und Luftschraube und die Schwimmerstreben.

Seitenansicht einer He 5 e

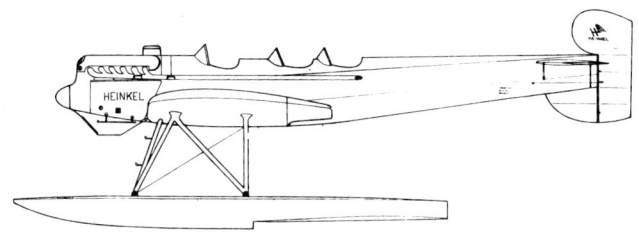

Motor: BMW VI, 7,3 Z,
12-Zylinder V-Motor,
460 kW (750 PS)
Spannweite: 16,80 m
Länge: 11,80 m
Höhe: 4,25 m
Flügelfläche:
48,94 m²
Leergewicht: 1950 kg
Fluggewicht:
2900 kg
**Höchstgeschwindig-
keit:** 230 km/h
Gipfelhöhe: 6000 m
Reichweite: 950 km

▲
Startende He 5e

◄
Eine He 5e von vorne

◄◄
Rumpfvorderteil der
He 5e in Krakau, links
davon ein Schwimmer
▼
Das Instrumentenbrett
der He 5e in Krakau

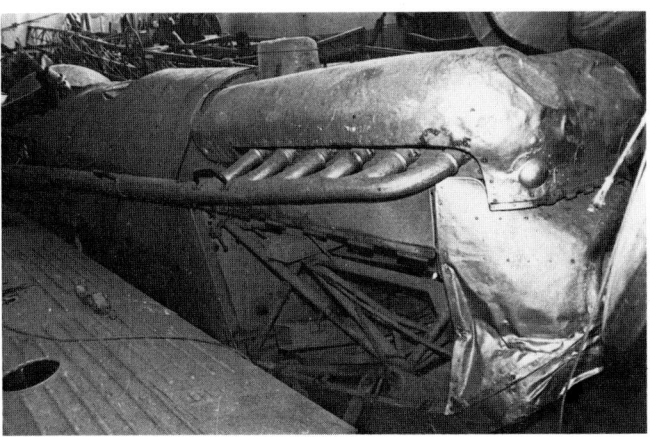

Jeannin Stahltaube 1913

Die zweisitzige Jeannin Stahltaube – eine tauben-
ähnliche Konstruktion mit Stahlrohrrumpf – entstand 1913 in Johannisthal. Der aus Mühlhausen
im Elsaß stammende Emil Jeannin hatte bei
renommierten französischen Flugschulen das
Fliegen gelernt, so auch bei Farman in Mourme-
lon. Sein Bruder Heinrich war Mitinhaber der
1904 gegründeten Argus Motoren GmbH; zudem
war er auch an der Automobil & Aviatik AG
beteiligt, die in Mühlhausen und später in Leipzig
die bekannten Aviatik Flugzeuge produzierte.

Emil Jeannin erhielt im April 1910 das Flugzeugführerzeugnis Nr. 6 des Deutschen Luftfahrer-Verbandes. Bereits im selben Monat über-
raschte er die Berliner durch einen Überlandflug
von Johannisthal nach Glienicke und zurück. Für
diese damals außergewöhnliche Leistung benutzte Jeannin einen Aviatik-Doppeldecker, einen
Nachbau des Farman 4 Doppeldeckers. Bis Ende
1910 gewannen deutsche Flieger 215 000 Mark
bei Wettbewerben im Inland und 78 000 Mark im
Ausland. Allein 104 300 Mark, also ein Drittel des
gesamten Betrages, errang Emil Jeannin auf seinem Aviatik-Farman Doppeldecker als der er-
folgreichste Flieger des Jahres 1910. Seinen größ-
ten Erfolg hatte er auf der Internationalen Flugwoche vom 10. bis 16. Mai, bei der er von den insgesamt ausgesetzten Preisen von über 50 000
Mark nahezu die Hälfte erringen konnte. Während der Nationalen Flugwoche vom 7. bis
13. August erhielt Jeannin den Preis für die längste
Gesamtflugzeit mit 2 Stunden 41 Minuten. Auch

aus den ersten Überlandwettflügen im August
und September ging Jeannin auf seinem Aviatik-
Doppeldecker als Sieger hervor. Den Flug von
Frankfurt am Main über Mainz nach Mannheim
absolvierte er in 1 Stunde 45 Minuten und 41 Se-
kunden ohne Zwischenlandung. Die Siegerzeit
beim Zweiten Deutschen Überlandflug von Trier
nach Metz mit einem Passagier betrug 2 Stunden
20 Minuten.

Seit dem Jahre 1910 besaß Jeannin die Flug-
zeugschuppen Nr. 15 und 19 am alten Startplatz in
Johannisthal. Ab Mitte 1913 befanden sich sein
Flugzeugbau sowie seine Fliegerschule im Schuppen Nr. 10, der sogenannten Flugzeughalle, am
neuen Startplatz. Im Jahre 1911 begann Jeannin
am alten Startplatz mit dem Bau von Flugzeugen.
In den Jahren 1913–14 wurde die Stahltaube in
verschiedenen Ausführungen von der Emil Jeannin Flugzeugbau GmbH gefertigt. Diese machte
durch gute Leistungen auf sich aufmerksam. So
flog beispielsweise der Pilot Otto Stiefvatter mit
einem Passagier an einem Tag von Freiburg im
Breisgau nach Königsberg. Er erhielt für diese Leistung eine Prämie der Nationalflugspende in
Höhe von 10 000 Mark. Insgesamt sind 37 Stahl-
tauben gebaut worden: 26 im Jahre 1913 und 11
im Jahre 1914. Der größte Teil der Flugzeuge
wurde an die im Aufbau befindliche Fliegertruppe geliefert. Sie kamen hier zu Beginn des
Ersten Weltkrieges als unbewaffnete Beobach-
tungsflugzeuge, sogenannte A-Flugzeuge, zum
Einsatz.

Eine Jeannin Stahl-
taube mit der Ken-
nung A 283/14

Die heute im polnischen Luft- und Raumfahrtmuseum lagernde Stahltaube aus dem Jahre 1913 ist das einzige erhalten gebliebene Exemplar eines Jeannin Flugzeuges. Die Maschine trug in der Deutschen Luftfahrt Sammlung auf dem Rumpf die Seriennummer A 118/13. Diese Nummer ist wahrscheinlich nicht authentisch, da ursprünglich eine Fokker A (Typ M 3, Werk-Nr. 33) diese Registrierung hatte. Die Stahltaube ist nahezu vollständig erhalten. Es fehlen nur Rumpfbespannung, Höhenleitwerk sowie Bereifung. Anstelle des Originalmotors befindet sich in der Taube ein Argus Motor.

Motor: Argus 6-Zylinder Reihenmotor, 89 kW (120 PS)
Spannweite: 13,65 m
Länge: 9,60 m
Höhe: 2,88 m
Flügelfläche: 21,6 m²
Leergewicht: 705 kg
Fluggewicht: 1035 kg
Höchstgeschwindigkeit: 100 km/h

▲
Das Instrumentenbrett in seinem heutigen Zustand

◄◄
Vorderer Teil des Rumpfes mit Spannturm und Tank

▼
Der Flugzeugführer Alois Stiploschek mit einer Jeannin-Stahltaube

Levavasseur Antoinette 1909/10

Die Levavasseur Antoinette gehört zu den berühmtesten Maschinen der französischen Pionierzeit. Sie ist ein einsitziges, einmotoriges Flugzeug, das Léon Levavasseur im Jahre 1908 konstruierte. Diese Maschine war der erste Eindecker der Welt mit dem es gelang, einen geschlossenen Kreis zu fliegen sowie einen Passagier zu befördern. Gebaut wurde die Levavasseur im Werk von Gastambide und Mengin in Paris. Benannt wurde der Eindecker nach der Tochter Gastambides: Antoinette. Insgesamt entwarf Levavasseur sieben Antoinette-Typen, alle aus Holz konstruiert und einander sehr ähnlich. Unterschiedlich bei diesen von I bis VII bezeichneten Maschinen waren u. a. die Abmessungen, die Fahrgestellformen sowie die verwendeten Motoren.

Die Antoinette wurde von vielen in- und ausländischen Piloten geflogen. Zu ihnen zählte auch Hubert Latham, ein damals weit über die Grenzen Frankreichs bekannter Aviatiker. Zu seinen Leistungen gehörte auch der erste Höhenweltrekord

mit 155 m, aufgestellt am 29.8.1909 auf der Antoinette. Ferner war er der erste, dem es gelang auf 1000 m Höhe zu steigen, ebenfalls mit einer Antoinette. Hubert Lathams Popularität gründete sich zudem auf seinen dreimaligen Versuch, den Ärmelkanal zu überqueren, um den vom Daily Mail ausgesetzten Preis zu gewinnen. Am 13. Juli 1909 startete Latham erstmals, mußte jedoch aufgrund ungünstiger Windverhältnisse wieder landen, wobei seine Antoinette IV beschädigt wurde. Der zweite Versuch wurde sechs Tage später, am 19. Juli, unternommen. Nach 11 km mußte Latham mit der Maschine auf dem Wasser notlanden; Pilot und Flugzeug wurden durch den französischen Zerstörer Harpon geborgen. Nachdem Louis Blériot am Sonntag, dem 25. Juli 1909, die Kanalüberquerung geglückt war, versuchte Latham am 27. Juli nochmals England zu erreichen, jedoch wiederum ohne Erfolg. Bei der Notlandung nahe der englischen Küste wurde er verletzt.

Eine Antoinette VII im September 1909 in Reims

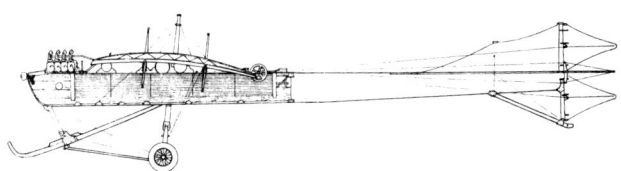

Im September des gleichen Jahres kam Latham auf Einladung des Kaufhauses Wertheim nach Berlin. Er wohnte im Hotel Esplanade und führte auf dem Tempelhofer Feld seine Schauflüge durch. Mit der ihm eigenen Lässigkeit gelang es Latham, das Berliner Publikum zu begeistern; so winkte er den Zuschauern zu oder steckte sich während des Fluges eine Zigarette an. Um den aufwendigen Straßentransport der Antoinette zu dem tags zuvor begonnenen ,Konkurrenz-Fliegen der ersten Aviatiker der Welt' auf dem neu eröffneten Flugplatz Johannisthal zu umgehen, flog Latham von Tempelhof über Britz nach Johannisthal. Dies war eine Sensation, denn es war der erste Überlandflug in Deutschland. Durch diese spektakulären Flüge wurde die Konstruktion Levavasseurs zu einem der populärsten Flugzeuge der Frühzeit der Aviatik.

Angeregt durch die Berliner Schauflüge Lathams bestellte Dr. Walter Huth – der Gründer der später unter dem Namen Albatros-Flugzeug-werke GmbH bekannt gewordenen Firma – zwei Antoinette-Eindecker. Ab 1910 wurden diese dann auch in Lizenz in seinem Werk neben den Gitterrumpf-Doppeldeckern der Systeme Farman und Sommer hergestellt. Ausgerüstet wurde die Antoinette mit verschiedenen Motortypen: Antoinette V 8 (50 PS), Argus (50 PS), ENV (60 PS), Gnôme (50 PS – 100 PS).

Wahrscheinlich stammt die in Krakau lagernde Antoinette aus der Produktion der Albatros Werke. Das Flugzeug ist nicht mehr komplett und stark beschädigt. Es existieren nur das Rumpfgerüst mit Fahrgestell sowie Räder ohne Reifen. Weiterhin vorhanden ist auch die Luftschraube; es fehlen die Tragflächen und die Leitwerke. Die Flügelholme hingegen sind vorhanden. Der Antoinette Motor befindet sich unter den Exponaten des Krakauer Luft- und Raumfahrtmuseums.

Motor: Antoinette V 8 8-Zylinder V Motor, 37 kW (50 PS)
Spannweite: 14,00 m
Länge: 12,00 m
Höhe: 2,75 m
Flügelfläche: 35,0 m^2
Leergewicht: 530 kg
Fluggewicht: 610 kg

◀◀
Eine Antoinette im Flug mit dem Piloten Hubert Latham 1910

◀
Hubert Latham im Führersitz einer Antoinette

◀◀
Pilotensitz mit den Handrädern zur Steuerung

◀
Schriftzug am Rumpfvorderteil in Krakau

LFG Roland D VI b 1918

Rechte Seite:

▶

Die LFG Roland D VI b
mit der Kennung
2225/18 im Front-
einsatz

▶

Rumpfvorderteil mit
Motor und Luft-
schraube in Krakau

▶▶

Die Roland D VI b als
zweites Flugzeug von
links in der DLS

▼

Das 2000. Flugzeug
der LFG, eine Roland
D VI b, im Werk in
Charlottenburg

Die Luft-Fahrzeug Gesellschaft m. b. H. (LFG) bau-te seit 1908 unstarre Luftschiffe des Types Parse-val. Im Jahre 1912 begann man mit der Konstruk-tion eigener Motorflugzeuge. Beheimatet war die Flugzeugbauabteilung der LFG in Charlotten-burg, am Kaiserdamm. Mit Kriegsbeginn 1914 entstanden auf der Adlershofer Seite des Flug-platzes Johannisthal weitere Produktionsstätten; bereits zuvor wurden dort alle Maschinen einge-flogen. Als im September 1916 ein Großfeuer Teile der Fabrik in Adlershof zerstörte, wurde als Über-gangsquartier eine Ausstellungshalle am Kaiser-damm benutzt.

Bei der Konstruktion der D VI, einem einsitzi-gen, einmotorigen Jagddoppeldecker, kam die bereits vom Bootsbau her bekannte Klinkerbau-weise zur Anwendung. Dabei wurden die aus Sperrholz gefertigten Spannten mit geklinkerten Spruce-Planken versehen. Entwickelt wurde die D VI von Chefkonstrukteur Dipl.-Ing. Tantzen. Der Prototyp der LFG Roland D VI Flugzeuge entstand Ende 1917. Es war die 100. Maschine, die bei der Luft-Fahrzeug Gesellschaft gefertigt wurde. Ins-

gesamt wurden 353 Exemplare der D VI gebaut, davon 200 Stück der D VI b, einer Weiterentwick-lung der D VI a.

Die sich heute in Krakau befindende Ma-schine wurde im April 1918 gebaut. Sie trägt die Bauauftragsnummer D 2225/18 und nahm an dem zweiten Vergleichsfliegen der D-Flugzeuge (Jagdeinsitzer, Ein- und Doppeldecker) im Juni 1918 teil, das von der Inspektion der Fliegertrup-pen (Idflieg) ausgeschrieben worden war. Dieser von der Flugzeugmeisterei Adlershof durchge-führte Wettbewerb hatte das Ziel, aus der Pro-duktionspalette der deutschen Flugzeugwerke das beste Jagdflugzeug zu ermitteln. Es nahmen insgesamt 37 Maschinen teil; gewonnen wurde das zweite Vergleichsfliegen allerdings von der Fokker D VIII.

Die D VI b 2225/18 nahm am Vergleichsflie-gen mit einem Benz Bz D III a Motor teil; in der DLS stand sie allerdings mit einem Mercedes D III Motor und einer Germania Luftschraube TP 52 G.

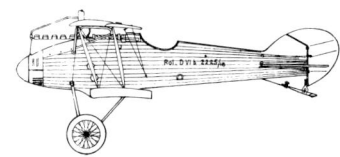

Motor: Mercedes D III, 6-Zylinder Reihenmotor, 118 kW (160 PS)
Spannweite: 9,40 m
Länge: 6,32 m
Höhe: 2,80 m
Flügelfläche: 22,13 m²
Leergewicht: 640 kg
Fluggewicht: 820 kg
Höchstgeschwindigkeit: 183 km/h
Gipfelhöhe: 5800 m
Flugdauer: 2 h
Bewaffnung: 2 MG Spandau 08/15, Kaliber 7,92 mm

Motor und Luftschraube sind noch heute im Depot des Krakauer Luft- und Raumfahrtmuseums vorhanden. Außerdem existieren der Klinkerrumpf, der jedoch gebrochen ist, sowie das Fahrgestell ohne Räder. Die Maschine ist das einzige erhaltene Exemplar dieses Types.

LVG Doppeldecker (System Schneider) 1912

Die von der Luft-Verkehrs-Gesellschaft (LVG) in Johannisthal gebaute Maschine ist ein zweisitziger, einmotoriger Schul-Doppeldecker. Die LVG A.G. ging im Jahre 1911 aus der Luftfahrtbetriebs-GmbH hervor. Diese von Arthur Müller ins Leben gerufene Gesellschaft unternahm Reklame- und Passagierflüge mit dem Parsevalluftschiff P VI. Eine Attraktion waren die nächtlichen Reklameflüge, bei denen die Werbung, die sich an der Unterseite des Luftschiffes befand, von der Gondel aus angestrahlt wurde. Die LVG fertigte zunächst Nachbauten; das Vorbild hierfür war der bereits von den Albatros Werken kopierte Farman-Gitterrumpf-Doppeldecker. Die ersten Eigenkonstruktionen entstanden, nachdem der Schweizer Ingenieur Franz Schneider 1912 als Chefkonstrukteur eingestellt wurde. Schneider war zuvor bei den französischen Nieuport-Werken in Reims beschäftigt, deren Gründer Eduard Nieuport zu den ersten Flugpionieren zählte.

Die ersten eigenen Konstruktionen der LVG waren ein einsitziger Sport-Mitteldecker und ein zweisitziger Schul-Doppeldecker. Die zunächst als LVG Doppeldecker System Schneider bezeichneten Maschinen erhielten später die militärische Bezeichnung LVG B I. Der Prototyp dieses Doppeldeckers ist der Vorläufer einer Serie von Schulflugzeugen, die bis zum Ende des Ersten Weltkrieges zum Einsatz kamen. Die B I war der erste serienmäßig gebaute LVG-Typ. Neben dem später üblichen Fahrgestell hatte die Maschine anfänglich eine Mittelkufe sowie ein kleines zusätzliches Bugrad, um mögliche Überschläge bei der Landung zu verhindern. Die ersten sieben Exemplare entstanden im Jahre 1912, weitere 89 Maschinen 1913. Diese LVG-Flugzeuge beteiligten sich erfolgreich an einer Reihe namhafter Flugwettbewerbe der Vorkriegszeit, so am Ostmarkflug und an den Prinz-Heinrich-Flügen. Die ersten Plätze beim Prinz-Heinrich-Flug 1914 belegten die Offiziere Freiherr von Thüna, von Beaulieu und von Buttlar von der Königlich Preußischen Heeresverwaltung auf LVG-Doppeldeckern.

Ein LVG Doppeldekker (System Schneider) in Johannisthal

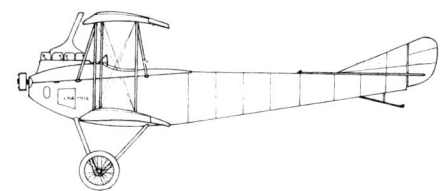

Die sich in Krakau befindende Maschine gehört zur ersten Serie aus dem Jahre 1912. Erhalten ist nur der Rumpf ohne Bespannung. Es fehlen Motor, Luftschraube und Fahrgestell. Die vorhandenen Tragflächen stammen von dem späteren Muster B II aus dem Jahre 1914. Das Seiten- sowie das Höhenleitwerk sind vollständig, d.h. mit Bespannung, vorhanden.

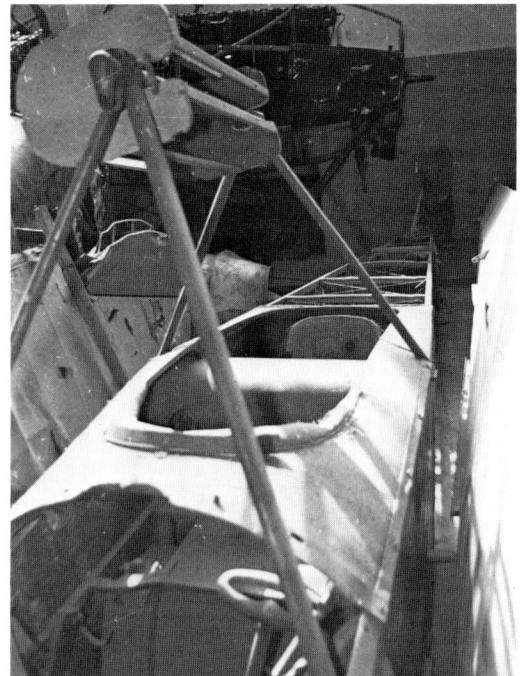

Motor: Mercedes D I, 6-Zylinder Reihenmotor, 74 kW (100 PS)
Spannweite: 14,00 m
Länge: 9,00 m
Höhe: 3,20 m
Flügelfläche: 45,0 m²
Leergewicht: 780 kg
Fluggewicht: 1100 kg
Höchstgeschwindigkeit: 100 km/h
Reichweite: 300 km

Der Rumpf der LVG in Krakau, mit Führer- und Beobachtersitz

Flugplatz Johannisthal.

L.V.G. Doppeldecker (System Schneider.)

268
Postkartenvertrieb W.Sanke
BERLIN N.37.
Nachdruck wird gerichtlich verfolgt.

Copyright by FRANZ FISCHER Johannisthal.

Ein LVG Doppeldecker im Flug

Messerschmitt Me 209 V 1 1938

Die Messerschmitt Me 209 ist ein einsitziger, ein-motoriger Tiefdecker in Ganzmetallbauweise. Diese Maschine entstand vor allem, um den Geschwindigkeitsweltrekord nach Deutschland zu bringen, der bis zu diesem Zeitpunkt von Italien gehalten wurde. Dort hatte am 23. Oktober 1934 der Pilot F. Agello am Gardasee auf einem Mac-chi-Castoldi 72-Schwimmerflugzeug den Rekord auf 709 km/h verbessert.

Der Rekordversuch gab der Firma Messer-schmitt die Möglichkeit, auf dem Gebiet der Schnellflugzeugforschung weiterzuarbeiten. Die-ses Projekt deckte sich mit dem Wunsch Prof. Willy Messerschmitts, die Schnellflugforschung und deren Problemlösung in seinem Hause voranzu-treiben.

Anfang 1938 begannen die Entwurfsarbeiten für ein Hochgeschwindigkeitsflugzeug, von dem insgesamt drei Muster bei der Messerschmitt-

Flugzeugwerke AG in Augsburg entstanden. Hierbei handelte es sich um die Me 209 V 1 mit der Werknummer 1185 sowie der Kennung D-INJR, deren Erstflug am 1. August 1938 stattfand. Die beiden anderen Exemplare, die Me 209 V 2 (Werknummer 1186, Kennung D-IWAH) und die Me 209 V 3 (Werknummer 1187, Kennung D-IVEP) wurden erst 1939 fertiggestellt.

Doch noch bevor alle Vorbereitungen für den Messerschmitt-Rekordflug abgeschlossen waren, gelang es dem Heinkel-Werkspiloten Hans Die-terle mit der He 100 V 8, den Rekord nach Deutschland zu bringen. Am 30. März verbesserte Dieterle die Leistung Agellos um 37 km/h auf 746 km/h. Diese Geschwindigkeit wurde auf einer drei Kilometer langen Meßstrecke zwischen Kremmen und Neuruppin erzielt, nachdem die Maschine vom Heinkel Werksflugplatz in Ora-nienburg gestartet war. Nach dem Bekanntwer-

Ingenieur Wurster vor dem Rekordflugzeug Me 209 V1

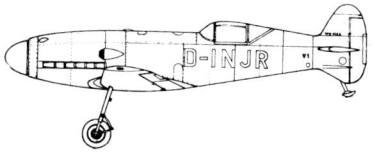

den dieser Leistung wurde in England der Plan aufgegeben, mit einer eigens dafür konzipierten Spitfire den bestehenden Weltrekord ebenfalls zu übertreffen.

Am 30. März 1939 gelang es dann dem Messerschmitt Werkspiloten Fritz Wendel auf der Me 209 V 1 den Rekord erneut zu verbessern. Die Me 209 erreichte bei Bobingen an der Eisenbahnlinie Augsburg-Buchloe eine Höchstgeschwindigkeit von 755 km/h. Damit wurde die Bestimmung der Fédération Aéronautique Internationale (F.A.I.), wonach ein neuer Rekord um mindestens ein Prozent über dem vorangegangenen liegen mußte, knapp erfüllt. Auf seiten der Heinkel-Werke vertrat man die Ansicht, daß die Flugvoraussetzungen einen objektiven Vergleich beider Flugzeugtypen nicht zulassen, denn die Me 209 hatte bei ihrem Rekordflug im süddeutschen Raum ca. 500 m über dem Meeresspiegel einen geringeren Luftwiderstand zu überwinden als die He 100 in der Mark Brandenburg.

Bei der F.A.I. in Paris wurde die Rekordmaschine mit der Typenbezeichnung Me 109 R angemeldet, um im In- und Ausland den Eindruck zu erwecken, daß der Standardjäger der Luftwaffe diesen Rekord aufgestellt hat. Tatsächlich war die Me 209 eine völlig andere Konstruktion als die Me 109. Alle späteren Versuche, aus der Rekordversion Me 209 V 1 ein taugliches Jagdflugzeug zu machen, scheiterten. Die Flugleistungen dieser als Me 209 V 4 bezeichneten Maschine lagen nur unwesentlich über denen der Me 109, hätten jedoch eine völlige Umstellung der Produktion bedingt.

Erst rund 30 Jahre später, am 16. August 1969, wurde der von Wendel aufgestellte Rekord von dem amerikanischen Piloten Darryl Greenamyer auf einem Grumman F 8 F-2 Bearcat Jagdflugzeug verbessert. Obwohl dieses Flugzeug mit einem doppelt so starken Triebwerk ausgerüstet war, lag die neue Höchstgeschwindigkeit nur wenig höher bei 777 km/h.

Nach dem Rekordflug war die Me 209 in den Messerschmitt-Werken in Augsburg untergebracht und wurde schon bald der Deutschen Luftfahrt Sammlung übereignet. Man demontierte

sie, verpackte sie und beförderte sie nach Berlin. Sie gelangte kriegsbedingt nicht zur Ausstellung, sondern kam ins DLS-Depot. Der Motor wurde gesondert zu Daimler Benz befördert; sein Äußeres wurde durch Verchromung und weitere Schönheitsarbeiten optisch aufgewertet. Er kam anschließend ebenfalls nach Berlin, wurde aber weder in das Flugzeug eingebaut noch ausgestellt.

Im Krakauer Luft- und Raumfahrtmuseum befinden sich von der Me 209 V 1 der Rumpf mit dem Leitwerk und dem oberen Teil der Motorverkleidung. Es fehlen die Tragflächen, der Motor, die Luftschraube und das Fahrgestell. Der Rumpf ist dunkelblau lackiert und trägt die Kennung D-INJR.

Motor: Daimler Benz 601 A R J (V 10), 12-Zylinder(hängend) V Motor, 1330 kW (1800 PS)
Spannweite: 7,80 m
Länge: 7,24 m
Höhe: 2,40 m
Flügelfläche: 10,7 m²
Leergewicht: 2100 kg
Höchstgeschwindigkeit: 755 km/h

Höhen- und Seitenleitwerk der Me 209 V1 in Krakau

PZL P.11c 1935

Die P.11 war das Standardjagdflugzeug der polnischen Luftstreitkräfte vor dem Zweiten Weltkrieg. Die Konstruktion stammt von Ing. Zygmunt Pulawski und W. Jakimiuk. Ihr Vorläufer war der ebenfalls von Pulawski im Jahre 1929 entwickelte Ganzmetalljäger P.1; die P.1 blieb jedoch ebenso wie ihr Nachfolgetyp, die P.6, ein Prototyp. Aus diesen beiden Prototypen entstand dann die P.7, die in den Serienbau gelangte. Nach Pulawskis Tod entwickelte Jakimiuk diesen Typ zur P.11 weiter. Diese Maschine war ein Ganzmetall-Schulterdecker mit abgestrebten Trag-und Leitwerken. Das Flügel-Mittelstück wies zur Verbesserung der Sichtverhältnisse für den Piloten einen Knick auf. Das Fahrwerk war nicht einziehbar. Die Bewaffnung bestand aus vier 7,9 mm Maschinengewehren; zwei davon waren in den Flügeln untergebracht, die beiden anderen im Rumpf. Verschiedene Motoren kamen zum Einsatz. 1933 begann die Produktion der P.11 in den PZL-Werken. Insgesamt wurden 250 Exemplare der unterschiedlichen Versionen der P.11 produziert.

Die PZL P.11c im Museum für Luft- und Raumfahrt in Krakau

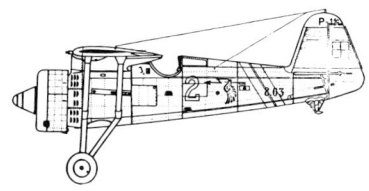

Das heute in Krakau ausgestellte Flugzeug PZL P.11c mit der Fabriknummer 562 gehörte 1939 zu der in Krakau stationierten 121. Jagdstaffel. Es fiel unbeschädigt in deutsche Hände und wurde nach der Besetzung Polens als Beuteflugzeug in die Deutsche Luftfahrt Sammlung nach Berlin gebracht. Dort stand es zwischen dem amerikanischen Bomber Douglas 8 A-3 N und dem holländischen Jäger Fokker D XXI. Es wurde zusammen mit anderen Flugzeugen 1943 nach Czarnikau (Czarnkow) verlagert und dort 1945 von polnischen Truppen in Besitz genommen. Nach mehr als 10 Jahren Aufenthalt im Depot wurde es 1957 zum erstenmal der Öffentlichkeit präsentiert und befindet sich seit 1963 im Museum für Luft- und Raumfahrt in Krakau.

Motor: Skoda-Bristol Mercury V S2, 9-Zylinder Sternmotor, 439 kW (595 PS)
Spannweite: 10,72 m
Länge: 7,55 m
Höhe: 2,75 m
Flügelfläche: 17,9 m²
Leergewicht: 1147 kg
Fluggewicht: 1650 kg
Höchstgeschwindigkeit: 375 km/h
Gipfelhöhe: 8040 m
Reichweite: 500 km
Bewaffnung: 4 MG, Kaliber 7,9 mm

Das Instrumentenbrett der PZL P.11c

Sopwith F1 Camel 1917

Das einmotorige, einsitzige Jagdflugzeug Sopwith F1 Camel wurde in den letzten beiden Kriegsjahren gebaut. Das Flugzeug wurde von dem Konstrukteur Herbert Smith aus der Sopwith Pub entwickelt, als diese den deutschen Fokker und Albatros Maschinen nicht mehr gewachsen war. Die Sopwith F1 Camel wurde mit verschiedenen Motorausführungen gebaut, mit einem Clerget B, mit einem Le Rhône J und mit einem Bentley BR-1. Insgesamt wurden von diesem Flugzeug 5490 Exemplare hergestellt und am Ende des Ersten Weltkrieges besaß die Royal Air Force davon 2600 Stück. Im Krieg wurde die Sopwith Camel in der britischen und kanadischen Luftwaffe eingesetzt, nach dem Krieg in den Luftwaffen Belgiens, Griechenlands, Kanadas, Polens, der Sowjetunion und der USA.

Die sich in Krakau befindende Sopwith F1

Camel mit der Seriennummer B-7280 wurde 1917 in den Clayton- und Shuttleworth-Werken in Lincoln gebaut im Rahmen einer zweiten Serie, die die Nummern B-7181 bis B-7280 umfaßte. Das Flugzeug mit der Seriennummer B-7280 war mit einem Bentley BR-1 Motor ausgerüstet und wurde von 1917 bis 1918 in der 10. Schwadron des Royal Naval Air Service eingesetzt. Am 15.9.1918 wurde das Flugzeug auf der deutschen Seite der Front zur Landung gezwungen. Die technisch interessante Maschine wurde dann in Deutschland ausführlichen Untersuchungen unterzogen.

Im Krakauer Museum für Luft- und Raumfahrt befinden sich von diesem Flugzeug der unbespannte Rumpf und der Motor, der sogar ausgestellt ist; Baldachin und Reste der Tragflächen sind vorhanden.

Eine Sopwith Camel im Ersten Weltkrieg

102

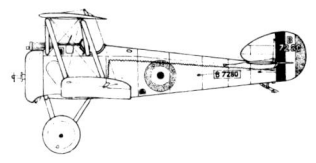

Motor: Bentley BR-1,
9-Zylinder Umlauf-
motor, 111 kW (150 PS)
Spannweite: 8,53 m
Länge: 5,64 m
Höhe: 2,59 m
Flügelfläche: 21,2 m²
Leergewicht: 463 kg
Fluggewicht: 665 kg
**Höchstgeschwindig-
keit:** 187 km/h
Gipfelhöhe: 5450 m
Flugdauer: 2,5 h
Bewaffnung: 2 Vik-
kers Maschinenge-
wehre

▲
Eine Abdeckung der
Sopwith Camel mit
Aufschrift von
der DLS

◄
Das Rumpfgerüst der
Sopwith Camel in
Krakau; links oben
der Flugzeugführersitz

Stinson L-5 Sentinel 1942

Die Stinson L-5 Sentinel ist ein zweisitziger, einmotoriger, abgestrebter Hochdecker in Gemischtbauweise. Dieses amerikanische Flugzeug wurde von der Stinson Aircraft Division of Vultee Aircraft Inc. gefertigt. Die L-5 fand als Nahaufklärer, Kurierflugzeug sowie als leichtes Transport- und Sanitätsflugzeug Verwendung. Der Prototyp der L-5 entstand im Jahre 1941. Insgesamt wurden bis zum Ende des Zweiten Weltkrieges 3283 Maschinen des Types L-5 in unterschiedlichen Versionen gebaut. Sie kamen an allen Fronten zum Einsatz, so auch auf dem Kriegsschauplatz im Stillen Ozean im Kampf gegen Japan und bei der

Royal Air Force in Europa, wo sie den Namen Sentinel erhielten. Nach Beendigung des Zweiten Weltkrieges wurden viele Maschinen dieser Baureihe ausgemustert und an Privatpersonen verkauft. Die L-5 wurde so noch viele Jahre im Zivildienst, vor allem in den USA, England und Australien eingesetzt.

Die Stinson L-5 im Museum für Luft- und Raumfahrt Krakau ist in einem unvollständigen Zustand. Es existiert nur noch das Rumpfgerüst mit der Seitenflosse. Der Rumpf trägt die Kennung der europäischen Front: 42-98643.

Eine Stinson L-5 im zivilen Einsatz

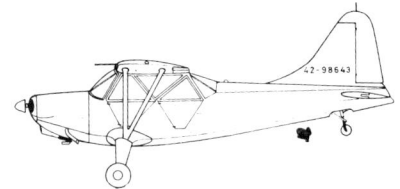

Motor: Lycoming
0-435-1, 6-Zylinder
Reihenmotor, 136 kW
(185 PS)
Spannweite: 10,38 m
Länge: 7,32 m
Höhe: 2,41 m
Flügelfläche:
14,38 m²
Leergewicht: 705 kg
Fluggewicht: 920 kg
**Höchstgeschwindig-
keit:** 208 km/h
Gipfelhöhe: 4800 m
Reichweite: 670 km

Das Seitenleitwerk
der Stinson L-5 in Kra-
kau mit Resten der
Kennung 42-98643

Zeppelin-Staaken R VI, Motorgondel 1916

Die Flugzeuge der Zeppelin-Werke in Staaken bei Berlin gehörten zur Kategorie der R- oder Riesenflugzeuge. Es handelte sich um mehrmotorige Doppeldecker, die als Bomber zum Einsatz kamen. Ihre Entwicklung lag in den Händen von Professor Baumann. Die Besatzung des viermotorigen Types R VI bestand aus Kommandant/Beobachter, zwei Flugzeugführern, einem Funker, zwei Bordmechanikern und einem Tankwart. Für große Flughöhen war die siebenköpfige Besatzung mit elektrisch beheizbaren Fliegeranzügen ausgerüstet. Im Gegensatz zu seinen Vorgängern verfügte die R VI bereits über eine geschlossene, rundum verglaste Kabine. Zur Verständigung der einzelnen Besatzungsmitglieder untereinander diente ein elektrischer Maschinentelegraph, wie er auf Schiffen benutzt wurde. Der Kontakt zur Erde erfolgte über eine Funkentelegraphie-(FT-)Station an Bord.

Insgesamt wurden 18 R VI mit der militärischen Bezeichnung R 25/16–R 39/16 sowie R 52/17–R 54/17 gebaut. Diese Stückzahl wurde von keinem anderen Riesenflugzeug erreicht. Da die Kapazität des Zeppelin-Werkes für diese Produktionsmenge allein nicht ausreichte, entstanden drei Maschinen bei Albatros, sechs bei Aviatik, fünf bei Schütte-Lanz und nur vier in den Zeppelin-Werken in Staaken.

Die aus der Deutschen Luftfahrt Sammlung stammende, heute in Krakau lagernde, Triebwerksgondel gehörte vermutlich zum Riesenflugzeug R 30/16. Die beiden Mercedes D IVa Motoren in der Gondel tragen die Werknummern 29868 und 30103. Sie haben eine Stärke von je 192 kW (260 PS). Der Wunsch nach Leistungssteigerung führte bei R 30/16 zum Einbau eines Turboladers, der zentral im Rumpf untergebracht war, um ihn während des Fluges warten zu kön-

Motorgondel einer Zeppelin-Staaken R VI

nen. Die Laderzentrale bestand aus einem Mercedes D II von 89 kW (120 PS) als Antrieb und einem vierstufigen Kreiselader der Firma Brown Boveri, der die Motoren in den zwei Gondeln versorgte. Um eine weitere Leistungssteigerung zu erreichen, kamen bei dieser Maschine auch erstmals verstellbare Luftschrauben zum Einsatz, entwickelt von der Firma Helix. Durch diese Verbesserungen gelang es, die normale Flughöhe von 3750 m um mehr als 2000 m zu steigern und die Geschwindigkeit von 130 km/h auf 160 km/h zu erhöhen.

„Am 24. Mai 1919 starteten Hauptmann Georg Krupp (Kommandeur der Riesenflugzeugabteilung Rfa. 501 und späterer Leiter der Deutschen Luftfahrt Sammlung, Anm. d. A.) und Leutnant Offermann zu einem neuen Probeflug. Dipl.-Ing. Noack und fünf Techniker waren mit an Bord. In 3300 m Höhe ereignete sich ein Triebwerksschaden, der zum Brand der Maschine führte. Es gelang, den Brand durch steiles Heruntergehen einzudämmen. Dann kletterte Noack hinaus auf die untere Tragfläche und löschte den Rest des Feuers mit einem normalen Feuerlöscher. R 30/16 landete sicher!"

Bald danach wurde R 30/16 abgewrackt, eine Motorgondel kam später in die DLS.

In Krakau befindet sich die Motorgondel mit den beiden Motoren, die Kühler und Luftschrauben fehlen.

Motor: 4 Mercedes D IVa, 192 kW (260 PS); Mercedes D II, 89 kW (120 PS), Turbolader
Spannweite: 42,20 m
Länge: 22,10 m
Höhe: 6,50 m
Flügelfläche: 3320 m^2
Leergewicht: 7680 kg
Fluggewicht: 11460 kg
Höchstgeschwindigkeit: 130/160 km/h
Gipfelhöhe: 3750/5800 m
Flugdauer: 7–8 h
Bewaffnung: 4–6 MG, bis zu 2000 kg Bomben

▲▲
Riesenflugzeuge in Staaken

▲
Die Motorgondel in Krakau

◀◀
Die Motorgondel in der DLS

◀
Vorderansicht der Motorgondel mit der Nabe für die Luftschraube

107

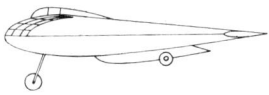

Horten II 1935

Spannweite: 16,00 m
Länge: 5,00 m
Höhe: 1,65 m
Flügelfläche: 32,0 m²
Leergewicht: 265 kg
Fluggewicht: 365 kg
Gleitzahl: 1:24
**Sinkgeschwindig-
keit:** 0,85 m/sec.

▼
Die Horten Ho II
im Flug

▶▶
Eine beschädigte
Tragfläche der Ho II
in Krakau

Das Segelflugzeug Horten II ist ein Nurflügelflug-zeug. Konstruiert und gebaut wurde es von den Gebrüdern Reimar und Walter Horten in Bonn. Noch während ihrer Zeit als Modellbauer erhielten beide 1929 erste Anregungen zum Bau von Nurflügelmodellen. Ausschlaggebend waren die von ihnen beobachteten Versuche mit dem schwanzlosen Segelflugzeug ‚Storch' in der Rhön.

Nach Versuchen mit Modellen entstand dann im Frühjahr 1933 die Horten I, ein Nurflügelsegel-flugzeug von 12 m Spannweite. Mit der Ho I nahm Walter Horten am Rhön-Segelflugwettbewerb 1933 teil. Mittels Flugzeugschlepp wurde die Hor-ten I von Bonn in die Rhön überführt, wo bis zu 20 Minuten dauernde Flüge gelangen. Diese Lei-stung wurde mit 600 Mark prämiert. Als die Er-probung beendet war, wurde die Ho I abge-wrackt und ein Folgetyp aufgelegt. Dieses Segel-flugzeug – die Horten II – entstand wie bereits sein Vorgänger in der elterlichen Wohnung in Bonn und wurde im Mai 1935 fertiggestellt. Die Maschine war ganz aus Holz gefertigt. Die Flügel-

nase war mit Sperrholz beplankt, die übrige Trag-fläche mit Stoff bespannt. Die geteilten Leitwerke, welche an den Flügelhinterkanten angeordnet waren, arbeiteten im Mittelteil als Höhenruder und im Außenteil als Querruder. Kombinierte Sei-tenruder-Bremsklappen befanden sich in der Flü-gelnase. Mit dieser Konstruktion wurde bewiesen, daß auch ein Nurflügelflugzeug in der Lage sein kann, stabil zu fliegen. Dieser Typ wurde später vom Fliegerhorst Köln in drei Exemplaren gebaut und 500 Stunden lang erfolgreich geflogen. In den Prototyp der Ho II wurde 1935 ein Hirth-Motor HM 60 eingebaut. Durch diesen Einbau entstand neben der Segelflugversion der Ho II ‚Hangwind' auch in einem Exemplar eine Motor-version, die Ho II ‚Habicht'.

In Krakau befinden sich noch die Tragflächen einer Ho II. Sie sind jedoch in stark beschädigtem Zustand und haben keinerlei Bespannung. Nicht mehr vorhanden ist das Mittelstück des Segelflug-zeuges.

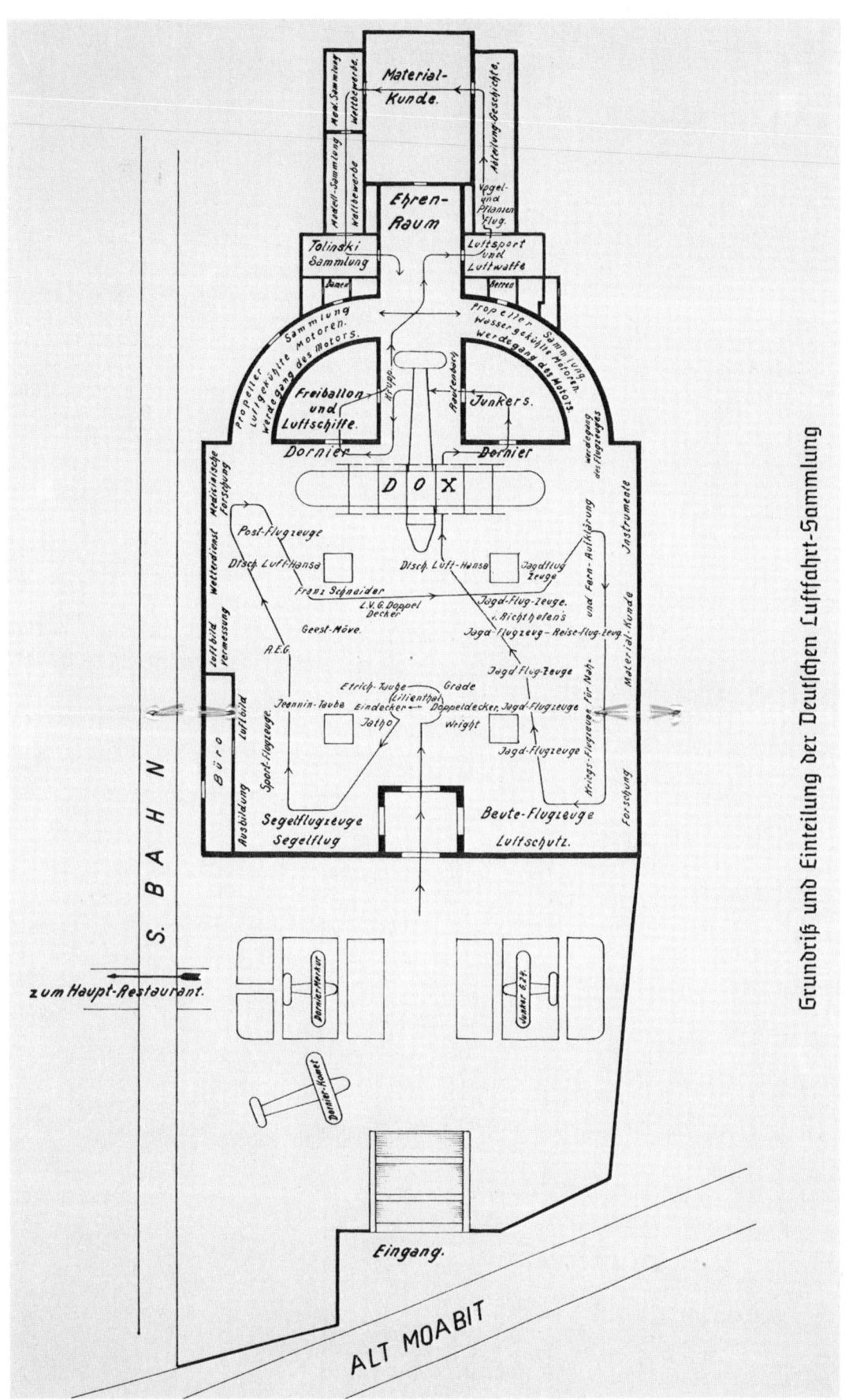

Grundriß und Einteilung der Deutschen Luftfahrt-Sammlung

Grundriß der Deutschen Luftfahrt Sammlung bei der Eröffnung 1936

Her-steller	Typ	Spezifizierung	Kennung	Fabrik Nr.	Bau-jahr	Motor	Motor-Werk-Nr.
AEG	Wagner	Eindecker ‚Eule‘			1914		
AEG	J 1	Infanterieflugzeug			1917		
Airco	DH-9A	Bomber	F 1010		1918	Liberty	
Albatros	C I	Aufklärer	197/15		1915	Benz Bz III	26131
Albatros	C IX	Kampfzweisitzer Reisemaschine Richthofens	C 4508/16		1916		
Albatros	D III	Jagdeinsitzer					
Albatros	D V	Jagdeinsitzer	D 1916/17		1917		
Albatros	H 1	Höhenversuchsflugzeug		10114	1926	Siemens Sh III	9898
Albatros	L 30	Schuldoppeldecker	NG+UR	10019	1919	Mercedes D III	N 20309
Albatros	L 68a	Schulflugzeug					
Albatros	L 101	Sport- u. Schulflugzeug	D-EKYQ	245	1933	Argus As 8a-3	3391
Ambi-Budd		Flugauto	‚D-11032‘		1932		
Arado	198 V1	Nahaufklärer	D-ODLG		1938		
Aviatik	C III	Aufklärungszweisitzer	C 12250/17	1996	1917	Mercedes D III	
Bäumer	B IV	Sportflugzeug ‚Sausewind III‘	D-1158	105	1927		
Bloch	MB 200	Bomber			1933		
Caspar	C 32	Streuflugzeug ‚Germania‘	D-1144	7009	1926	BMW IV	
Curtiss	Export-Hawk	Jagddoppeldecker	D-IRIK	H-81	1933	Wright Cyclone R 1820 F 3	
DFW	C V	Aufklärungszweisitzer	C 17077/17	473	1917	Benz Bz IV	22951
Dietrich		Sportmaschine					
Dornier	Do B	Verkehrsflugzeug ‚Merkur‘	D-913				
Dornier		Verkehrsflugzeug ‚Komet‘					
Dornier	Do X	Flugschiff	D-1929	Doflug1	1929		

Her-steller	Typ	Spezifizierung	Kennung	Fabrik Nr.	Bau-jahr	Motor	Motor-Werk-Nr.
Dornier	Do J	Flugboot ‚Wal'	D-1422	37		2 x BMW VI	
Douglas	8A-3N	Schlachtflugzeug			1939		
Erla	5 D	Sportflugzeug			1938		
Espenlaub	EA 1	Anhängerflugzeug	D-1396	4	1927		
Espenlaub	E 14	Sportflugzeug	D-1570	3		Anzani	
Etrich	Taube	Eindecker					
Fieseler	F 2	Sportflugzeug ‚Tiger'	D-2200		1932	Walter Pollux II	
Fieseler	Fi 158	Rekordflugzeug			1939	Hirth HM 506 A	
Focke-Wulf	F 19a	Versuchsflugzeug ‚Ente'	D-1960	35	1930	2 x Siemens Sh 14	
Focke-Wulf	C 19	Tragschrauber ‚Don Quijote'			1932	Siemens Sh 14b	
Fokker	3	Eindecker ‚Spinne'		4464	1913(25)	Renault V 8	30185
Fokker	Dr I	Jagdeinsitzer					
Fokker	D VII	Jagdeinsitzer					
Fokker	D VIII	Jagdeinsitzer			1918		
Fokker	D XXI	Jagdflugzeug			1936		
Friedrich	Etrich Taube	Eindecker	D-EFRI		1932	Mercedes	21818
Fafnir		Segelflugzeug	11				
Geest	4	Eindecker ‚Möwe'			1913	Argus	
Grade		Dreidecker			1908		
Grade		Eindecker			1912		
Grigoro-witsch	M-15	Flugboot		R II C 262	1917	Hispano Suiza V8	
Halberstadt	CL II	Leichtes Schlachtflugzeug	C 15459/17	1046	1917	Mercedes D III	

Her-steller	Typ	Spezifizierung	Kennung	Fabrik Nr.	Bau-jahr	Motor	Motor-Werk-Nr.
Haessler-Villinger	HV 1	Muskelkraftflugzeug ,Mufli'			1935		
Hawker		Jagdflugzeug ,Hurricane'					
Heinkel	HD 17b	Aufklärer			1926		
Heinkel	HD 39	Zeitungsflugzeug ,BZ 1'	D-889	238	1926	BMW IV	
Heinkel	HE 5e	Hochseeflugzeug			1928	BMW VI 7,3 Z	
Heinkel	HE 45	Nahaufklärer			1931		
Heinkel	HE 116	Langstreckenpostflugzeug			1937		
Heinkel	HE 100 V8	Rekordeinsitzer	D-IDGH				
Heinkel	HE 176 V1	Raketenversuchsflugzeug			1939		
Heinkel	HE 178	Versuchsflugzeug mit Strahlantrieb			1939		
Horten	HO II	Segelflugzeug			1935		
Jakowlew	I-26	Jagdflugzeug ,Jak 1'			1940	M-105	
Jatho	II				1903		
Jeannin		Stahltaube	A 118/13		1913	Argus	
Junkers	J I	Infanterieflugzeug			1918		
Junkers	D I	Jagdeinsitzer			1917		
Junkers	F 13	Verkehrsflugzeug	D-1		1919		
Junkers	G 24	Verkehrsflugzeug					
Junkers	Ju 49ba	Höhenforschungsflugzeug	D-UBAZ		1933		
Junkers	Ju A50	Sportzweisitzer ,Junior'			1928		
Klemm	L 20	Sportflugzeug					
Klemm		Kurierflugzeug					

Her-steller	Typ	Spezifizierung	Kennung	Fabrik Nr.	Bau-jahr	Motor	Motor-Werk-Nr.
Levavasseur	IV	Eindecker ‚Antoinette'			1909/10	Antoinette V8	
Lilienthal,O.	11	Normal-Segelapparat			1894		
Lilienthal,O.	14	Großer Doppeldecker			1895		
Lilienthal,G.		Motor-Schwingenflugzeug					
Lippisch	Storch VII	Schwanzloser Hochdecker ‚Hans Huckebein'			1930		
LFG	D VIb	Jagdeinsitzer	D 2225/18		1918	Mercedes D III	
LFG	C II	Aufklärer ‚Walfisch'					
LFG	B II	Schulzweisitzer	350/17-1549/17		1912	Mercedes D I	
Stahlwerke Mark	R 3	Sportflugzeug					
Messer-schmitt	M 28	Schnellpostflugzeug	D-2059		1931		
Messer-schmitt	Me 109	Jagdflugzeug					
Messer-schmitt	Me 209 V1	Rekordflugzeug	D-INJR	1185	1938	Daimler Benz DB 601 ARJ	
Mikojan	I-61	Jagdflugzeug ‚MIG-1'			1940	AM-35A	
Morane Saulnier	MS 230	Schulflugzeug					
Pfalz	D XII	Jagdeinsitzer			1918		
Polikarpow	UTI-16	Jagdflugzeug ‚Rata'			1940		
PWS	26	Schuldoppeldecker	81.123		1937	Wright J-5	
PZL	P. 11c	Jagdflugzeug	‚2'-8.63	562/564	1935	Skoda Mercury VS 2	4020
PZL	P. 38	Bomber ‚Wilk'			1938		
Richter		Sportflugzeug			1932		

Her-steller	Typ	Spezifizierung	Kennung	Fabrik Nr.	Bau-jahr	Motor	Motor-Werk-Nr.
Rohrbach	Ro VIII	Verkehrsflugzeug Roland II ‚Niederwald'	D-1720/ D-AHOL	46	1929	3 x BMW Va	
Rumpler	C IV	Verkehrsflugzeug Kabinen-Rumpler	D-290		1919		
Rumpler	C IV	Aufklärer			1917		
Sablatning	P 3	Verkehrsflugzeug ‚Libelle'	D-581	10	1921	BMW IV	
Siemens-Schuckert	D IV	Jagdeinsitzer			1918	Siemens Sh 3	
Silberschwan		Segelflugboot				Bentley BR-1	
Sopwith	F 1	Jagdeinsitzer ‚Camel'	B-7280				
Spad	A 2	Kampfflugzeug			1915		
Scholz		Eindecker			1929	Salmson 9AD	
Stinson	L-5	Mehrzweckflugzeug ‚Sentinel'	42-98643		1942	Lycoming 0-435-1	
Udet	U 12	Sportflugzeug ‚Flamingo'	D-822				
Vickers Supermarine	MK IIB	Jagdflugzeug ‚Spitfire'				Rolls Royce Merlin	
Wright		Doppeldecker			1910		
Würzburg		Segelflugzeug					
Zeppelin	LZ 46	Luftschiff (Gondel)			1915		
Zeppelin-Staaken	R VI	Riesenflugzeug 30/16 (Motorgondel)			1916	2 x Merced. D IVa	29868 + 30103

Danksagung

Es war nicht einfach, Wissenswertes über das Ausstellungsgelände beziehungsweise die ehemalige Deutsche Luftfahrt Sammlung aufzuspüren und zusammenzutragen. Deshalb möchten wir uns an dieser Stelle bei all denen bedanken, die uns bei der oftmals mühseligen und nur selten erfolgreichen Suche behilflich waren. Dieser Dank gilt folgenden Firmen und Institutionen: Archiv für Kunst und Geschichte Berlin, Berliner Flughafen-Gesellschaft, Berlinische Galerie, Deutsches Museum München, Kunstbibliothek Berlin, Landesarchiv Berlin, Landesbildstelle Berlin, Museum für Luft- und Raumfahrt Krakau, Museum für Verkehr und Technik Berlin, Staatsbibliothek Preußischer Kulturbesitz – Bildarchiv, Ullstein Bilderdienst, Universitätsbibliothek der Technischen Universität Berlin.

Ganz besonders bedanken möchten wir uns bei all unseren Freunden und denjenigen, die wir im Zusammenhang mit dem Werden dieses Buches kennengelernt haben und die uns oftmals weit über das übliche Maß hinaus mit Rat und Tat zur Seite standen. An erster Stelle sind hier Herr Marian Krzyzan und Herr Major a. D. Arthur Schreiber zu nennen, aber auch Herr K.-H. Albrecht, Herr H. Birkholz, Herr N. Kelling, Herr H. W. Klünner, Herr H. J. Nowarra und Herr Dr. G. Schmitt.

Was die Fotoarbeiten betrifft, gilt unser Dank Herrn M. Krzyzan, Herrn U. Feuerhorst, Herrn G. Kemner und ganz besonders Herrn Knut Petersen, der die überwiegende Zahl der Reproduktionen anfertigte.

Dank sagen möchten wir auch Frau Stein-Hundertmark, die unermüdlich zum zügigen Fortgang des Manuskriptes beitrug.

Für ihre Geduld bei der Anfertigung der maschinenschriftlichen Fassung dieses Buches und zahlreiche, weitergehende Anregungen danken wir Frau Dagmar Spiehl. Dem schließt sich die Geschäftsleitung des Silberstreif Verlages an.

Gleichzeitig möchten wir alle Leser bitten, dem Verlag oder direkt dem Museum für Verkehr und Technik, Trebbiner Straße 9, 1000 Berlin 61 ihre Informationen über die Deutsche Luftfahrt Sammlung mitzuteilen. Jeder noch so kleine Hinweis kann dazu beitragen, die zahlreichen Lücken zu schließen.

Literaturverzeichnis

Bücher

Ausstellungs-, Messe- und Fremdenverkehrs-Amt der Stadt Berlin (Hrsg.), **Amtlicher Katalog und Führer durch die DELA,** Berlin 1932

Bahrt, O., **Die deutsche Luftfahrtsammlung,** Köhlers Fliegerkalender 1937, S. 194 ff.

Bauakte, **Bezirk Tiergarten, Alt-Moabit 4–10,** Rep. 202 Acc 1719 und Acc 1559, Landesarchiv Berlin

Berliner Flughafen Gesellschaft m.b.H. (Hrsg.), **Gelandet in Berlin,** Berlin o. J.

Berliner Flughafen Gesellschaft m.b.H. (Hrsg.), **Geschäftsberichte** 1935, 1936, 1937, 1938, 1939, 1940

Boerner, P. (Hrsg.), **Bericht über die 'Allgemeine deutsche Ausstellung auf dem Gebiete der Hygiene und des Rettungswesens',** Breslau 1885

Crouch, I. D., **Blériot XI,** Washington D.C., 1982

Fieseler, G., **Meine Bahn am Himmel,** München 1979

Funk, E., **Böblingen – Fliegerstadt und Garnison,** Böblingen 1974

Hackenberger, W., **Deutschlands Eroberung der Luft,** Berlin 1915

Hackenberger, W., **Die alten Adler,** München 1960

Hecker, M., **Die Planung des Pulvermühlenterrains – Zum Konflikt zwischen Lenné und Schinkel,** Katalog 'Berlin: Von der Residenzstadt zur Industriemetropole', Berlin 1981, S. 453 ff.

Köhler, D., **Ernst Heinkel – Pionier der Schnellflugzeuge,** Koblenz 1983

Kopenhagen, W. u. a., **Lexikon Luftfahrt,** Berlin (DDR) 1979

Kosin, R., **Die Entwicklung der deutschen Jagdflugzeuge,** Koblenz 1983

Kroschel, G., Stützer, H., **Die deutschen Militärflugzeuge 1910–1918,** Wilhelmshaven 1977

Krzyzan, M., **Samoloty w muzeach polskich,** Warschau 1983

Lange, B., **Das Buch der deutschen Luftfahrttechnik,** Mainz 1970

Lührs, O., **Die Urania,** Katalog 'Berlin: Von der Residenzstadt zur Industriemetropole, Aufsätze', Berlin 1981, S. 393 ff.

Neuhaus, M., **Manuskripte** (unveröffentlicht), Berlin 1911

Neumann, G.P., **Die deutschen Luftstreitkräfte im Weltkrieg,** Berlin 1920

Norden, A., **Flügel am Horizont,** Berlin 1939

Norden, A., **Weltrekord Weltrekord,** Berlin 1940

Nowarra, H.J., **Die Flugzeuge des Alexander Baumann,** Friedberg o. J.

Nowarra, H.J., **Heinkel und seine Flugzeuge,** München 1975

Nowarra, H.J., **Richthofens Dreidecker und Fokker D VII,** Friedberg 1981

Nowarra, H. J., **Udet,** Friedberg o. J.

Ogden, B., **Aviation Museums,** Hounslow/England 1979

O. V., **Berlin und seine Bauten,** Bd. 2, Berlin 1896, S. 241 ff.

Orlovius, H. (Hrsg.), **Schwert am Himmel,** Berlin 1940

Pitz, H., Hofmann, W., Tomisch, J., **Berlin-W., Geschichte und Schicksal einer Stadtmitte,** Berlin 1984

Postma, T., **Fokker,** London 1980

Postma, T., **Vermetele vliegende Hollanders,** De Haan 1975

Rasch, F., **Jahrbuch des deutschen Luftfahrer-Verbandes 1913,** Berlin 1913

Reichspostmuseum (Hrsg.), **Katalog der Luftschiffahrt-Abteilung,** Berlin 1912

Ries, K., **Recherchen zur Deutschen Luftfahrzeugrolle 1919–1934,** Mainz 1977

Rutschow, W., **Aus meinem Fliegerleben,** Steinebach-Wörthsee o. J.

Schaerowitz, E., **Drei Jahre deutschen Flugsports!,** Berlin 1913

Schmitt, G., **Als die Oldtimer flogen,** Berlin (DDR) 1980

Schwipps, W., **Riesenzigarren und fliegende Kisten,** Berlin 1984

Schwipps, W., **Schwerer als Luft,** Koblenz 1984

Supf, P., **Das Buch der deutschen Fluggeschichte,** Bd. 2, Stuttgart 1958

Vries, J. A. de, **Taube, dove of war,** Temple City, Cal. 1978

Wagner, W., **Kurt Tank – Konstrukteur und Testpilot bei Focke-Wulf,** München 1980

Walter, F., **Hünefeld,** Potsdam 1930

Ziegler, M., **Kampf um Mach 1,** Stuttgart 1965

Periodika

Bahrt, O., **Deutsche Luftfahrt Sammlung,** Die Luftreise, 1936, Nr. 7, S. 174 f.

Berliner, D., **The Air and Space Museum of Poland,** Model Aviation, 1984, März, S. 84 ff.

Geest, W., **Meine Versuche mit dem ‚Nurflügel',** Der Deutsche Sportflieger, 1937, Nr. 2, S. 10 ff.

Grosse, D., **Die neue Abteilung für Luftschiffahrt im Reichspostmuseum,** Illustrierte Zeitung, Juni 1910

Henze, C. G. P., **Das Berliner Luftfahrt-Museum,** Luftwelt, 1934, Nr. 21, S. 400 f.

Hoff, W., **Die Sportflugzeuge der Dela,** Berliner Rundschau 1. 10. 1932

Horten, R., **Das Nurflügelflugzeug,** Luftfahrt und Schule, 1938, Nr. 11, S. 244 ff.

Kelenburg, E., **Museum aus Trümmern,** Sirene, 1934, Berlin

Krzyzan, M., **Przewodnik po Muzeum Lotnictwa w Krakowie,** Skrzydlata Polska, 1974, Nr. 27, 30, 31, 32, 33, 35; 1976, Nr. 34

Krzyzan, M., **Aviation and Astronautics Museum in Cracow,** Lot kaleidoscope, 1984, Nr. 2, S. 15 ff.

Lial, B., **Die Fliegerkneipe,** BT, 23. 4. 1913

Mackenthun, W., **Zur Neugestaltung der ‚Deutschen Luftfahrt Sammlung' in Berlin,** Deutsche Luftwacht, Ausg. Luftwissen, 1940, Nr. 3, S. 72

Nichous, R. A., **RAF Museum's DH 9A rebuilt complete,** Aircraft Illustrated, 1983, Juni, S. 258 ff.

Ogden, B., **Polish Museums,** Fly Past, 1982, Nr. 10, S. 20 ff.

Ott, G., **Zulassung und Kennzeichnung der deutschen Zivilflugzeuge 1914–1945** (Teil 3), Luftfahrt international, 1980, Nr. 8, S. 342 ff.

O. V., **Arbeitslose schufen Deutschlands Luftfahrtmuseum,** Magdeburger Zeitung, 6. 5. 1934

O. V., **Arbeitslose bauen ein Luftfahrt-Museum,** Tempo, 5. 9. 1932, Berlin

O. V., **Berlin hat ein Luftfahrt-Museum!,** Kreuz-Zeitung, 16. 11. 1932, Berlin

O. V., **Berlin hat jetzt auch sein Luftfahrtmuseum,** Neue Zeit, 16. 11. 1932

O. V., **Berlins Luftfahrtmuseum im Werden,** Völkischer Beobachter, 13. 11. 1935, Berlin

O. V., **Das jüngste Museum Berlins,** Deutsche Allgemeine Zeitung, 20. 6. 1936, Berlin

O. V., **Das Wunder des Fliegens,** Berliner Lokalanzeiger, 20. 6. 1936

O. V., **Das Deutsche Luftfahrtmuseum,** Stuttgarter Luftwelt, 1934, Nr. 23, S. 452

O. V., **Das größte Luftfahrtmuseum der Welt,** Der Berliner Westen, 13. 11. 1934

O. V., **Das Luftfahrtmuseum der Stadt Berlin,** Berliner Rundschau, 16. 11. 1932

O. V., **,Dela' eröffnet,** Berliner Tagblatt, 1. 10. 1932

O. V., **Deutsche Luftfahrt Sammlung wird eröffnet,** Berliner Morgenpost, 20. 6. 1936

O. V., **Deutsche Luftsportsammlung wird heute eröffnet,** B. Z. am Mittag, 20. 6. 1936

O. V., **Deutsche Luftfahrt Sammlung täglich geöffnet,** Der Deutsche Sportflieger, 1936, Heft 12, S. 30

O. V., **Die Deutsche Luftfahrt Sammlung,** Deutsche Luftwacht, Ausgabe Luftwelt, August 1936, Nr. 8, S. 334 F.

O. V., **Die ,Deutsche Luftfahrt Sammlung',** Völkischer Beobachter, 21. 6. 1936, S. 9

O. V., **Die Deutsche Luftfahrt Sammlung in neuer Gestalt,** Motor und Sport, 1940, Nr. 2, S. 7

O. V., **Deutsche Sammlung,** Motor Schau, 1940, Nr. 3, S. 202 ff.

O. V., **Die Besichtigung des Flugplatzes Johannisthal,** Mitteilungen des Vereins für die Geschichte Berlins, 1917, Nr. 5, S. 37 f.

O. V., **Die Eröffnung des Luftfahrtmuseums,** Berliner Tagblatt, 15. 11. 1932

O. V., **Dokumente aus der Fluggeschichte,** Berliner Börsen Zeitung, 13. 6. 1941

O. V., **,Do X' und ,Fliegender Flügel',** Deutsche Allgemeine Zeitung, 13. 11. 1935, Berlin

O. V., **Eröffnung der ,Dela',** Kreuz-Zeitung, 2. 10. 1932, Berlin

O. V., **Eröffnung der Deutschen Luftfahrt Sammlung in Moabit,** Berliner Nordwest-Zeitung, 20. 6. 1936

O. V., **Generaloberst Göring, Schirmherr der Luftfahrtsammlung,** Völkischer Beobachter, 8. 7. 1936

O. V., **Holztrümmer erzählen Heldengeschichten,** Badische Presse, 22. 8. 1936, Karlsruhe

O. V., **Junkers ,Blechesel' und ,Do X',** Berliner Morgenpost, 13. 11. 1935

O. V., **Kätchen Paulus' Locken,** Berliner Morgenpost, 16. 11. 1932

O. V., **Luftfahrtsammlung soll in den Anhalter- oder Lehrter Bahnhof kommen,** B. Z. am Mittag, 1. 9. 1936

O. V., **Museum der Luftfahrt,** Berliner Tagblatt, 20. 6. 1936

O. V., **Neue Beutestücke in Berlin,** Berliner Nachtausgabe, 6. 12. 1941

O. V., **Neues vom 'Museum der Luftfahrt' in Berlin,** Der Deutsche Sportflieger, 1943, Nr. 5, S. 82 f.

O. V., **Sendestation unter dem Sitz des Funkers,** Völkischer Beobachter, 22.1.1938, Berlin

O. V., **The German Air Museum,** Flight, 4.3.1937, London

O. V., **Von Lilienthal bis zum 'Do X',** Berliner Morgenpost, 21.6.1936

O. V., **Von Lilienthal bis zum Do X,** Deutsche Allgemeine Zeitung, 22.5.1938, Berlin

Schreiber, A. (Hrsg.), **Berlins jüngste Luftfahrt-Sehenswürdigkeit,** Internationales Luftfahrt Archiv, 22.6.1936

Swiderski, Z., **Skrzynka Techniczna,** Technika Lotnicza, 1954, Mai, S. 79 f.

Tiedke, W., **Von Lilienthals Gleitflugzeug bis zur He 112 U,** Der Deutsche Sportflieger, 1941, Nr. 11, S. 252 ff.

Vocke, E., **Zulassung und Kennzeichnung der deutschen Zivilflugzeuge,** Luftfahrt international, 1981, Nr. 2, S. 70 ff.

Berliner Architekturwelt, 1903, S. 3 ff., S. 45 ff., S. 111 f.

Deutsche Bauzeitung, 1879, Nr. 39, S. 199 ff.; 1882, Nr. 38, S. 221 f., Nr. 39, S. 227, Nr. 42, S. 246 f.; 1883, Nr. 14, S. 80 ff.; 1886, Nr. 41, S. 244 ff., Nr. 42, S. 249 ff., Nr. 43, S. 256 ff., Nr. 48, S. 285; 1903, Nr. 11, S. 65 f., Nr. 17, S. 106 ff., Nr. 37, S. 237 ff., Nr. 44, S. 281 f.; 1904, Nr. 47, S. 285 f., Nr. 69, S. 429 ff.

Die Gartenlaube, 1883, Nr. 36, S. 585 ff.

Wochenblatt für Architekten und Ingenieure, 1883, Nr. 26, S. 133 f., Nr. 79, S. 401 f.

Wochenblatt für Baukunde, 1886, Nr. 1, S. 7

Zeitschrift für bildende Kunst, 1886, S. 247 ff.

Zentralblatt der Bauverwaltung, 1883, Nr. 6, S. 57 f., Nr. 37, S. 164 ff., Nr. 38, S. 346 f.; 1886, Nr. 19, S. 177 ff., Nr. 20, S. 186 ff., Nr. 22, S. 210 f., Nr. 23, S. 22 f.; 1896, Nr. 18, S. 194 f.

Abbildungsverzeichnis